材料成型及控制工程专业基础实验教程

韩奇钢 主 编
刘国军 王亭 李洪梅 副主编

清華大学出版社
北 京

内容简介

本书介绍金属材料成型的实验研究内容，主要包括金属液态成型实验、焊接实验和锻压实验。按照先基础、再综合创新的理念设计实验；既有动手操作的实验，也有仿真实验；以全方位提升学生的实验技能为目的。通过本书的学习，学生可了解和掌握目前常见金属材料成型（铸造、焊接和锻压）的相关原理、设备组成和工作原理、工艺参数等；本书设置的仿真实验，方便学生了解模拟仿真在材料成型或工业领域的应用。并通过实验过程与结果，加深对理论知识的理解，逐步提高学生发现问题、分析问题和解决问题的素养，为学生的科学研究和生产实践打下基础。

本书既可作为高等院校材料类专业学生的实验教材，也可作为金属材料领域科研、生产和应用技术人员的参考用书。

图书在版编目(CIP)数据

材料成型及控制工程专业基础实验教程/韩奇钢主编．—北京：清华大学出版社，2023.1
ISBN 978-7-302-62395-3

Ⅰ．①材…　Ⅱ．①韩…　Ⅲ．①金属材料－成型－实验－教材　Ⅳ．①TG39-33

中国国家版本馆 CIP 数据核字(2023)第 012961 号

责任编辑：鲁永芳
封面设计：常雪影
责任校对：薄军霞
责任印制：杨　艳

出版发行：清华大学出版社
　　网　　址：http://www.tup.com.cn，http://www.wqbook.com
　　地　　址：北京清华大学学研大厦 A 座　　**邮　　编**：100084
　　社 总 机：010-83470000　　**邮　　购**：010-62786544
　　投稿与读者服务：010-62776969，c-service@tup.tsinghua.edu.cn
　　质量反馈：010-62772015，zhiliang@tup.tsinghua.edu.cn
印 装 者：三河市人民印务有限公司
经　　销：全国新华书店
开　　本：185mm×260mm　　**印　　张**：10.25　　**字　　数**：250 千字
版　　次：2023 年 3 月第 1 版　　**印　　次**：2023 年 3 月第 1 次印刷
定　　价：55.00 元

产品编号：098260-01

前言

PREFACE

《材料成型及控制工程专业基础实验教程》是高等院校材料类(材料成型及控制工程专业)本科生的实验指导教材。

本书介绍了金属材料成型实验的研究内容,共25个实验项目,主要包括焊接实验(实验一至实验十二)、金属液态成型实验(实验十三至实验十九)和锻压实验(实验二十至实验二十五)。既有动手操作的实验,也有虚拟仿真实验;既有基础性实验,还有创新性实验。

本书既可作为高等院校材料类专业学生的实验教材,也可作为金属材料领域科研、生产和应用的技术人员的参考用书。

本书参编人员及分工如下:

吉林大学材料科学与工程学院韩奇钢教授作为统稿人,负责实验教程的编撰修订和统筹规划、实验十八的编写及修订,刘国军负责实验十三至实验十七、实验十九和附录二、附录三的编写及修订,王亭负责实验二十至实验二十五的编写及修订,李洪梅负责实验一至实验十二和附录一的编写和修订。

吉林大学教务处和吉林大学材料科学与工程学院对本书的编写给予了大力的支持和帮助,清华大学出版社的编辑也对本教程编写提出了宝贵建议,在此一并表示感谢!

最后需要指出的是,限于编者的水平,本书难免存在不足之处,敬请读者批评指正。

编　者

2022年10月

目 录

CONTENTS

实验一

热喷涂金相样品的制作、金相显微镜的操作练习

一、实验目的

（1）掌握金相样品的制作方法。

（2）熟悉金相显微镜的使用方法和注意事项。

二、实验内容

（1）金相样品制作：切割、镶嵌、磨制、抛光、腐蚀。

（2）金相显微镜的操作练习。

三、实验器材

喷涂试样、金相显微镜、切割机、金相样品镶嵌机、磨样机、抛光机、超声清洗机、吹风机、不同目数的砂纸、研磨膏、镊子、吸管、量筒、烧杯、试剂瓶。

四、实验原理

金相显微分析是材料科学研究领域研究材料内部微观组织的重要实验技术手段之一，能为更科学地评价材料、合理地使用材料提供可靠的数据。金相样品制备就是将预分析检验的试样表面经磨制、抛光至镜面，并用特定的腐蚀液对试样表面进行腐蚀，利用不同组织或同一组织中不同方向对腐蚀液的敏感度的不同，使材料表面出现高度不同的凹凸面，利用这些凹凸面对光线反射程度的不同来显示材料显微组织的形貌状态。

五、实验方法及步骤

1. 金相样品的制作

1）取样

（1）取样原则。

根据实验目的或研究主题，选取具有代表性的样本。一般情况下，需考虑材料或试件的加工工艺过程、热处理过程。例如，对于焊接试件，由于焊缝的起弧和收弧部分容易产生焊接缺陷，因此应避免在焊缝的起弧或收弧部分取样，而应在焊缝的1/4处到焊缝的中心部分取样，并且截取横截面作为金相显微分析的检验面；对于锻造或轧制试件，横截面及纵截面均要截取，以便分析试件垂直和沿锻造或轧制方向截面上的显微组织的差异；对于经热处理后的试件的显微组织，一般选取横截面。

（2）取样方法。

根据试件性质的不同选取不同的切取方法，所有的切取方法都应遵循同一个原则，即不能对所取试样的组织产生影响。如果试件硬度较低可采用锯子进行切割；如果试件硬度较高则可用砂轮切片机、线切割机等切割；对于较大的试件，可用氧-乙炔等切割。

（3）样品尺寸。

样品的截取尺寸以便于握持、易于磨抛为宜。一般而言，对于立方体试样，截取的长宽高为15mm×15mm×15mm；对于圆柱试样，截取直径为12～15mm，高度为15mm；对于不能满足上述条件的试件，例如形状特殊或尺寸偏小的样品，应对样品进行镶嵌处理或机械夹持。

2）镶嵌/机械夹持

冷镶嵌（cold molding）：将切割好的试样的待观察面用双面胶固定在塑料模具中，然后倒入环氧树脂，并加入适量的固化剂，放置于通风处完成完全固化。

热镶嵌（hot molding）：一般需采用金相样品镶嵌机进行镶嵌，金相样品镶嵌机分为手动型（图1-1）和自动型（图1-2），均主要包括加压、加热及压模3部分。在热镶嵌前，应清洗样品，以除去样品表面的脏物和油污；将样品放置在压模中，倒入镶嵌粉，选择镶嵌压强：（30±5）MPa，镶嵌温度：（155±10）℃，镶嵌时间：10～15min，冷却时间：5min。

图1-1 手动金相样品镶嵌机

图1-2 自动金相样品镶嵌机

机械夹持：机械夹持方法可以保证试样在制备过程中不会出现边缘倒棱的现象。注意夹持力不要过大，以免试样变形。如图1-3所示为使用不同材质制作的夹具，机械夹持时可根据试样的特点选择相应的夹具。

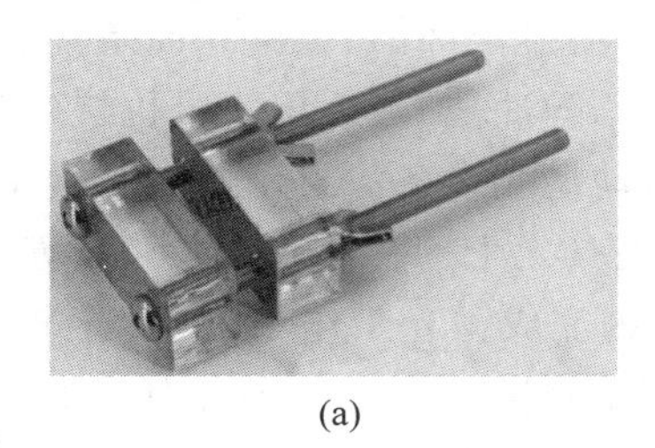

(a)

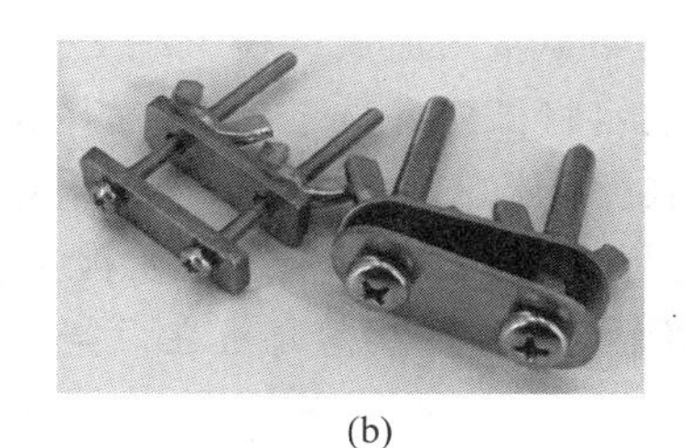

(b)

图1-3 金相磨样夹具

(a) 亚克力夹具；(b) 不锈钢夹具

3）磨制

磨制的目的是获得平整的试样表面，为下一步抛光做准备。磨制一般分为粗磨和细磨。

粗磨一般采用砂轮机，将试样表面打磨平整并磨成合适的外形。使用砂轮机粗磨时，试样与砂轮的接触压力要适度，接触压力过大可能会造成砂轮碎裂，导致人身伤害和设备事故。并且过大的压力会使试样表面温度升高而引起组织变化，还易使磨痕加深、金属扰乱层增厚，不利于后续的细磨和抛光工序。

细磨一般分为手工磨光和机械磨光两种方法。手工磨光是将粗磨好的试样放置在平整的砂纸上，然后一手按住砂纸，一手拿试样在砂纸上单向推磨，用力要均匀，使整个表面都被磨到，拉回时提起试样。更换砂纸时，要把手、样品、玻璃板等清理干净，并朝着与上道磨痕方向垂直的方向磨制，磨到上道磨痕完全消失时才能更换砂纸，砂纸更换型号顺序一般为400＃、500＃、600＃、800＃、1000＃依次增加。细磨时可在流动的水下进行，流动的水可以及时将磨掉的磨粒冲走，避免磨粒损伤试样表面。机械磨光一般是为了提高磨制速度、减小实验强度，在预磨机上放置水砂纸，在流动的水流中按照先粗砂纸后细砂纸的顺序，逐次磨至使用1000＃砂纸时。每次更换水砂纸时需改变磨制方向（调转90°）再重新进行磨制。

4）抛光

抛光的目的是去除细磨后试样表面留下的细微磨痕，使试样表面光滑无痕，达到镜面效果。常用的抛光方法有机械抛光、电解抛光和化学抛光。

(1) 机械抛光。

机械抛光用抛光机，抛光机分为单盘、双盘定速或无级变速几种类型，其作用原理是利用试样表面与抛光微粉的磨削、滚压作用，把金相样品表面的磨痕去除并抛光成镜面。抛光前需清洗抛光布，抛光布可分为绒布、帆布、呢子布等，可根据试样的性质选择适当的抛光布。抛光操作的关键是尽量获得最大的抛光速率，以便快速去除磨制时产生的磨痕，同时要保证抛光产生的变形层不影响最终观察到的微观组织，即不产生假象。为了解决这个问题，抛光最好分粗抛和精抛两个阶段进行。粗抛阶段可使用人造金刚石研磨膏，这种研磨膏具有抛光速率大、切削持久度高等优点，配合以合理的抛光机转速，便可充分发挥其优越性。采用人造金刚石研磨膏时，一般也是遵循颗粒度先粗（3.5～5μm）、后细（0.5～1μm）的原则，对于质地较软的材料选用颗粒度为0.5μm的研磨膏效果较佳。精抛阶段一般在较高的转速下进行，操作者需具备一定的操作技巧，配合以颗粒度较低的研磨膏或清水进行抛光。注意抛光时需用力压住试样，以免试样在抛光过程中被甩出，但也不可用力过大，以免造成过抛光形成新的抛痕。在抛光过程中需不断向抛光盘中滴入清水，以产生磨削和润滑作用，同时也可以避免摩擦生热造成试样组织变化。当磨痕全部消失、抛光面呈镜面时停止抛光，并用大量的流动水将试样冲洗干净，然后用无水乙醇冲洗，最后用吹风机快速吹干。

除了上述在抛光机上手动抛光，还可采用自动抛光设备。自动抛光机操作比较简单，操作人员只需将要抛光的试样事先摆放在相应的夹具之上，将夹具固定在自动抛光机的工作台上，启动自动抛光机；自动抛光机在设定时间内完成抛光工作，操作人员再从工作台上卸下试样即可。在采用自动抛光机抛光前，需要调整好抛光头与工作台面的距离，以达到最好的接触效果，从而获得最好的抛光效果。采用自动抛光设备可大大降低劳动强度，提高实验的工作效率。但是此类设备只能按照预设的程序进行工作，不能保证最终的抛光质量，因此其并不能完全取代人工操作。

(2) 电解抛光。

电解抛光是利用阳极腐蚀法使试样表面变得光滑平整的一种抛光方法。将试样接阳极，用不锈钢片或铝片作阴极，浸入电解液中，使试样与阴极之间保持一定距离(20～30mm)。接通直流电源，阳极发生溶解，金属离子进入电解液中，试样磨面形成一层具有较高电阻的薄膜；磨面凸起部分的膜比凹下部分的膜薄，薄膜越薄电阻越小，电流密度越大，金属溶解速度越快，从而使凸起部分趋于平坦，最后获得光滑平整的表面。这种方法的优点是抛光速度快，只有化学溶解功能而无机械力的影响，因此可避免机械抛光时可能引起的表面塑性变形，从而能更确切地显示真实的金相组织。但电解抛光操作时的工艺规程不易控制。此外，电解抛光对于试样化学成分的不均匀性、显微偏析特别敏感，非金属夹杂物处会被剧烈地腐蚀，因此电解抛光不适用于制备偏析严重的金属材料试样及有夹杂物的金相样品。

(3) 化学抛光。

化学抛光的实质与电解抛光相类似，也是一个表层溶解过程。它是将化学试剂涂在试样表面或将试样浸入化学抛光液中约几秒至几分钟，其间可适当地用棉花擦拭试样表面或搅动抛光液，依靠化学腐蚀作用使表面发生选择性溶解，从而得到光滑平整的表面。这种方法不需要特别的仪器设备，成本低、操作简单，对试样表面的光洁度要求不高。抛光液的成分一般根据试样材料的不同而不同。一般为混合酸溶液，常用的酸类有硫酸、硝酸、磷酸、铬酸、醋酸及氢酸。加入一定量的过氧化氢可增加金属表面的活性，更有利于化学抛光。使用化学抛光液后，溶液内金属离子增多，会减弱抛光作用，故需经常更换抛光液。

5）腐蚀

试样经抛光处理后(化学抛光除外)，放置在显微镜下观察，只能看到光亮的表面。除某些非金属夹杂物(如 MnS 及石墨等)，无法辨别各种组成相及其形貌特征，必须经过腐蚀。由于金属中合金成分和组织的不同，造成了腐蚀能力的差异。腐蚀能力的差异使腐蚀后各组织间、晶界和晶内产生一定的衬度，金相组织得以显现。常用的腐蚀方法有化学腐蚀法和电解腐蚀法，其中化学腐蚀法最为常用，其主要原理是利用腐蚀剂对试样表面的化学溶解作用或电化学作用(即微电池原理)来显示组织。对于纯金属单相合金来说，腐蚀是一个纯化学溶解过程。由于金属及合金的晶界上原子排列混乱，并具有较高的能量，故晶界处容易被腐蚀而呈现凹沟。同时，由于每个晶粒原子排列的位向不同，表面溶解速度也不一样，因此试样腐蚀后会呈现轻微的凹凸不平，在垂直光线的照射下将显示出明暗不同的晶粒。对于两相以上的合金而言，腐蚀主要是一个电化学腐蚀过程。由于各组成相具有不同的电极电位，试样浸入腐蚀剂中就在两相之间形成无数对“微电池”。具有负电位的一相成为阳极，被迅速浸入腐蚀剂中形成凹沟；具有正电位的另一相则为阴极，在正常电化学作用下不受腐蚀而保持原有平面。当光线照射到凹凸不平的试样表面时，由于各处对光线的反射程度不同，在显微镜下就能看到各种不同的组织和组成相。钢铁材料最常用的腐蚀剂为3%～4%硝酸乙醇溶液或4%苦味酸乙醇溶液。

腐蚀方法一般指将试样磨面浸入腐蚀剂中，或者用棉花蘸上腐蚀剂擦拭试样表面。腐蚀时间要适当，一般在试样表面发暗时即可停止。如果腐蚀不足，可重复腐蚀。腐蚀完毕后，立即用大量清水冲洗，然后用无水乙醇冲洗，最后用吹风机吹干。这样制得的金相样品即可在显微镜下进行观察和分析研究。一旦腐蚀过度，样品就需要重新抛光，甚至还需重新磨制抛光再进行腐蚀。

6）超声清洗

由于本实验的金相样品不需要进行腐蚀，因此只需将抛光好的样品放置在超声波清洗器中，超声清洗5min后取出，再用吹风机吹干即可。由于在磨制或抛光过程中产生的磨粒或研磨膏颗粒会进入涂层空隙而影响微观组织的观察，因此超声清洗的目的是去除涂层空隙中的杂质颗粒。

2. 金相显微镜的使用

1）了解金相显微镜的组成及功能

根据光路形式金相显微镜可分为正置式和倒置式两类。物镜在试样上方，由上向下观察试样的显微镜被归为正置式显微镜；反之，物镜在试样的下方，由下而上观察试样的显微镜被归为倒置式显微镜。根据外形显微镜可分为台式、立式和卧式3类。尽管显微镜的型号很多，但其基本构造大致相同，通常由光学系统、照明系统和机械系统3部分组成，有的显微镜还附带照相装置和暗场照明系统等。如图1-4所示为普通立式正置式金相显微镜的基本构造及组成部分。

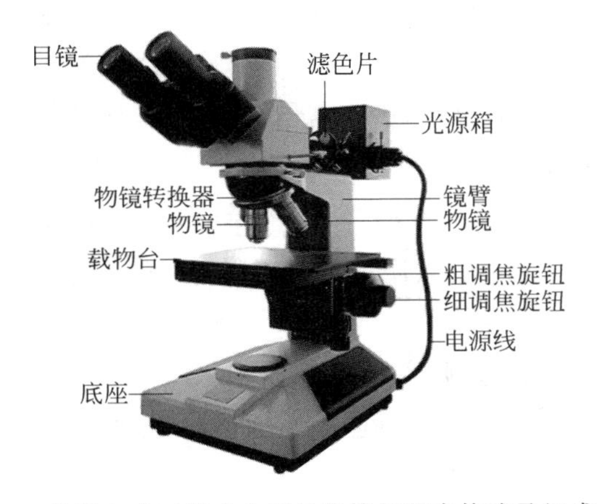

图1-4　普通立式正置式金相显微镜的基本构造及组成部分

光学部分

目镜：装在镜筒的上端，通常备有2～3个，上面刻有5×、10×或15×符号以表示其放大倍数，一般使用10×的目镜。

物镜：装在镜筒下端的旋转器上，一般有3～6个物镜。

滤色片：滤色片是金相显微镜摄影时的一种重要辅助工具，用以得到优良的金相照片。滤色片的作用是允许白色光波中一定波长的光通过，而吸收其他波长的光。一般金相显微镜常带有黄色、蓝色、绿色、灰色等滤色片。黄色滤色片可以改善像质，人眼对其较灵敏。蓝色滤色片因蓝光的波长较短，可以提高分辨率。绿色滤色片可以改善像质，使观察舒适。灰色滤色片可以减弱光强，从而得到合适的亮度。使用滤色片的主要目的如下。

(1) 增加映像衬度，或者提高某些彩色组织的细微部分在黑白摄影时的分辨率，如经过染色的金相样品，在显微镜下可观察到其鲜明的彩色映像。但采用黑白摄影时，往往因其明暗差别小而得不到理想的衬度，此时需借助滤色片来改进衬度。

(2) 校正残余像差。由于消色差物镜的像差校正仅在黄绿波段较完善，故使用时应配用黄绿色滤色片；而其他色彩的滤色片均显著暴露消色差物镜的缺点，降低映像质量。复消色差物镜对各波区像差的校正均极佳，故可不用滤色片或根据衬度需要选择。

(3) 得到较短波长的单色光以提高分辨率。光源的波长越短，物镜的分辨率越高。如采用$\lambda=440$nm波长的蓝光，将比用$\lambda=550$nm波长的黄绿光能得到更高的分辨率。

照明部分

照明系统一般包括光源、照明器、光栏等。金相显微镜中的照明法对观察、摄影、测定结果的质量起到重要的作用。

机械部分

底座：显微镜的底座，用以支持整个镜体。

镜臂：一端连接于镜柱，一端连接于镜筒，是取放显微镜时手握的部位。

物镜转换器：接于棱镜壳的下方，可自由转动，盘上有3～6个圆孔，是安装物镜的部位，转动转换器，可以调换不同倍数的物镜，当听到碰叩声时，方可进行观察，此时物镜光轴恰好对准通光孔中心，光路接通。

载物台：在镜筒下方，形状有方、圆两种，用以放置玻片标本。

粗调焦旋钮：能迅速调节物镜和试样之间的距离使物像呈现于视野中。一般在低倍镜中使用，先用粗调焦旋钮迅速找到物像。

细调焦旋钮：缓慢地升降载物台，多在高倍镜时使用，从而获得更清晰的物像。

2）金相显微镜操作步骤

将待观察的样品放置在光斑中心处，通过焦距调整旋钮（粗调/细调）使观察的视野清晰，一般遵循先粗调后细调，先小倍数调再大倍数调的原则；通过左、右、前、后调整，将待观察涂层区域调整到视野的中心部位；再左、右调整观察不同位置的涂层特征及变化。

3）使用金相显微镜的注意事项

(1) 初次操作显微镜前，应首先了解显微镜的基本原理、构造，以及其各主要附件的作用、位置等，并了解显微镜的使用注意事项。

(2) 金相样品要干净干燥，不得残留乙醇和腐蚀剂，以免腐蚀物镜的透镜。不能用手触摸透镜，擦透镜要用镜头纸。

（3）操作要细心，更换镜头时不要直接拨物镜镜头，以免造成镜头松动。

（4）调焦距时应先将载物台下降，使样品尽量靠近物镜但不能接触物镜，然后从目镜中观察，缓慢旋转粗调焦旋钮使载物台缓慢上升，看到组织后，再调节细调焦旋钮，直到图像清晰为止。

（5）一般遵循先粗调后细调，先小倍数调再大倍数调的原则。

实验二

热喷涂涂层截面金相组织形态观察

一、实验目的

（1）了解金相显微镜的工作原理。

（2）熟悉金相显微镜的操作方法。

（3）掌握涂层截面金相组织形态观察及组织结构分析方法。

二、实验内容

（1）用金相显微镜观察金相样品并区分涂层与基体。

（2）用金相显微镜观察涂层的组织形态特征，并进行组织结构分析。

（3）测量涂层厚度，估算涂层的孔隙率。

三、实验器材

喷涂试样、金相显微镜。

四、实验方法及步骤

（1）了解金相显微镜的工作原理。

光学显微镜是利用凸透镜的放大成像原理，将人眼不能分辨的微小物体放大到人眼能分辨的大小。显微镜的目镜和物镜都是凸透镜，但焦距不同。物镜的焦距短，目镜的焦距长。物体先经过物镜成放大倒立的实像，再经目镜成放大倒立的虚像。二次放大，便能看清楚微小的物体，原理如图 2-1 所示。

（2）进一步熟悉显微镜的操作方法。

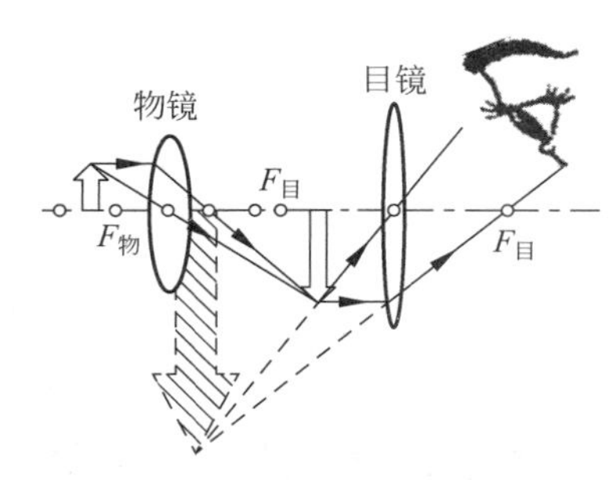

图 2-1　光学显微镜原理示意图

(3) 等离子喷涂试样的制备工艺过程。

试样涂层材料为 $MoSi_2$ 粉末，基体为 45CrNi 钢，涂层制备采用超音速火焰喷涂方法制备，设备为 K-2 型超音速火焰喷枪(燃料为航空煤油)，喷涂参数见表 2-1。

表 2-1　超音速等离子喷涂工艺参数

功率/kW	等离子气(Ar/H_2)/($L \cdot min^{-1}$)	载气(Ar)/($L \cdot min^{-1}$)	喷距/mm
40	35/12	2.6	110

(4) 观察制备好的涂层试样。

区分涂层与基体(图 2-2)、涂层的组织形态特征，测量涂层厚度，估算涂层的孔隙率(图 2-3)。

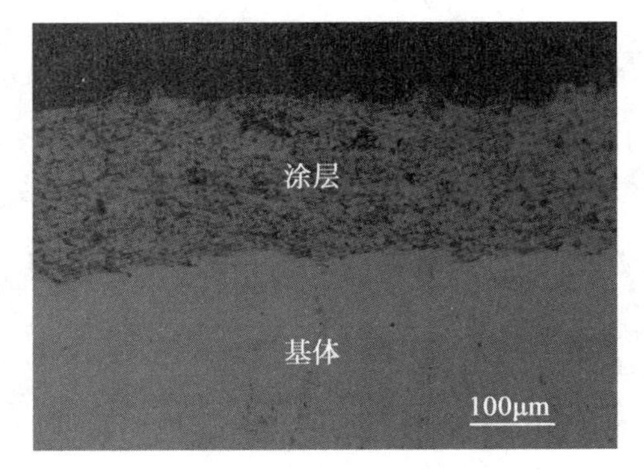

图 2-2　涂层与基体金相组织形貌(200×)

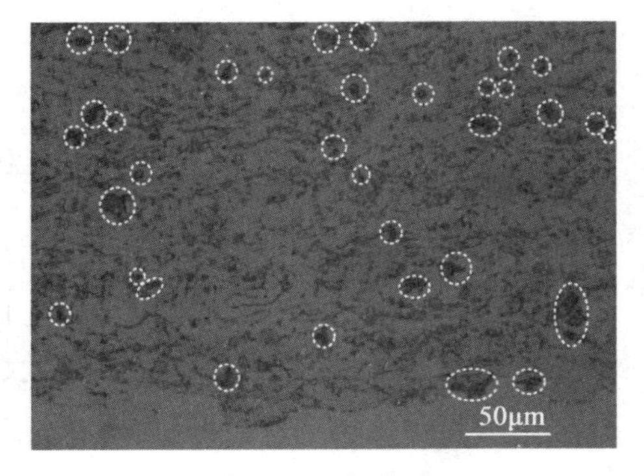

图 2-3　涂层组织与孔隙(500×)

五、实验结果与分析

画出样品不同区域的组织示意图，整理好观察结果并加以分析。

实验三

异种材料焊接接头金相分析

一、实验目的

（1）能够制备焊接接头金相样品。
（2）能够正确使用金相显微镜。
（3）熟悉几种异种材料焊接接头的宏观分析和微观分析方法。
（4）对几种异种材料焊接接头的组织分布特征建立一个感性印象。

二、实验内容

（1）用金相显微镜观察，高铬铸铁焊条焊低碳钢母材（埋弧焊）焊接接头的组织状况。
（2）用金相显微镜观察，钢与铁堆焊焊接接头的组织状况。
（3）用金相显微镜观察，紫铜与不锈钢焊接接头的组织状况。
（4）用金相显微镜观察，低碳钢焊条铸铁焊接接头的组织状况。

三、实验器材

光学金相显微镜、低碳钢母材（埋弧焊）焊接接头、钢与铁堆焊焊接接头、紫铜与不锈钢焊接接头、低碳钢焊条铸铁焊接接头。

四、实验方法及步骤

（1）了解与熟悉金相显微镜的操作和作用。
（2）绘制高铬铸铁与低碳钢焊接接头的组织示意图（亚共晶、过共晶组织）。
（3）绘制铜与铁堆焊焊接接头的组织示意图（树枝状晶）。

(4) 绘制紫铜与不锈钢焊接接头的组织示意图(等轴状晶)。

(5) 绘制低碳钢焊条铸铁焊接接头的组织示意图(白口组织、马氏体组织)。

五、组织示意图

不同形貌组织示意图如图 3-1 所示。

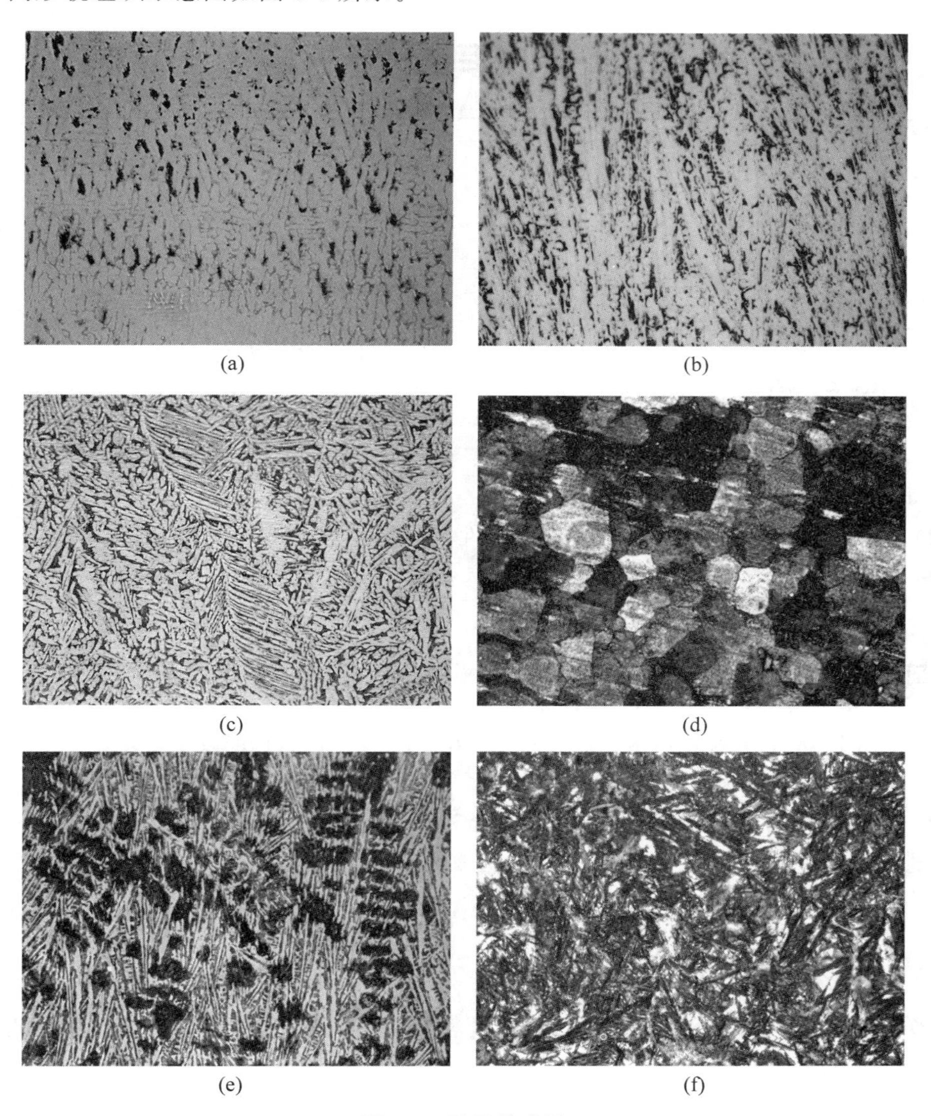

(a)　(b)　(c)　(d)　(e)　(f)

图 3-1　组织示意图

(a) 亚共晶；(b) 过共晶；(c) 树枝状晶；(d) 等轴状晶；(e) 白口组织；(f) 马氏体组织

六、实验结果与分析(实验报告要求)

画出各区接头组织示意图,整理好之后观察结果并加以分析。

实验四

润湿性及其测定方法

一、实验目的

（1）了解影响钎料润湿性的因素，观察液态钎料对固态母材的润湿过程及温度、钎剂和母材表面状态对润湿性的影响。

（2）了解润湿性的评定方法与钎焊润湿性国家标准。

（3）掌握测试润湿性的方法。

二、实验内容

（1）根据润湿性的实验结果，分析钎料成分、钎剂、母材表面状态、温度是如何影响钎料的润湿性的。

（2）按照钎料润湿性国家标准，评定 BSn60Pb、BSn50Pb、BSn40Pb、BSn30Pb 4 种钎料的润湿性能。

三、实验设备及器材

电炉、分析天平、砂纸、手钳、黄铜试件、钎料、钎剂、VIDAS 图像仪和可焊性测试仪等。

四、实验方法及步骤

（1）内容。

观察用上述 4 种钎料分别在粗细砂纸打磨及酸洗的 H90、H70 黄铜表面，在 200℃、250℃、300℃的温度下，用松香、氯化锌＋氯化氨钎剂及不用钎剂时的润湿情况，并测定其润湿面积、润湿力和润湿时间。

（2）步骤如下。

（a）将 0.5mm×40mm×40mm 的 H90、H70 黄铜片，分别用粗、细砂纸顺一个方向打磨（也可准备一个无规律打磨的），先用水冲洗干净，再用乙醇浸洗后吹干待用。

（b）用体积分数为 30%的 HNO_3 水溶液浸洗黄铜试片，待表面干净后再用水冲洗干净，最后用乙醇浸洗吹干待用。

（c）将 0.25g 上述钎料分别放于 H90、H70 黄铜试件中央，不加钎剂、松香、氯化锌和氯化氨钎剂，放在恒温电炉中加热，加热温度分别为 200℃、250℃、300℃，保温 3～5min，观察钎料熔化润湿的过程。

（d）用 VIDAS 图像仪和可焊性测试仪测定钎料在试件表面的润湿面积、润湿力和润湿时间。

五、实验思考题

（1）钎料在熔化润湿温度下的接触角与室温时的接触角是否一样？

（2）钎剂在润湿过程中起什么作用？

（3）如果要比较钎料的润湿性能优劣，按上述步骤设定的温度润湿是否合理？

（4）还有什么方法能够评定钎料的润湿性？

实验五

焊接残余应力测试原理、试件处理及贴片

一、实验目的

（1）了解焊接残余应力的测量方法——应力释放法。

（2）掌握试件表面处理及应变片粘贴技术。

二、实验内容

（1）试件表面处理。

（2）贴片。

三、实验设备及材料

焊接试板（Q235 或 16Mn 等钢板或铝/镁合金板）、型号为 TJ 120-1.5-ϕ1.5 的电阻应变片（灵敏系数为 2.07，标称电阻值为 120Ω）、型号为 BE 120-3AA 的电阻应变片（灵敏系数为 2.11，标称电阻值为 120Ω）、万用表、手电钻、镊子、钢板尺、电烙铁、焊锡丝、502 胶水、乙醇、丙酮、脱脂棉、砂纸。

四、实验方法及步骤

（1）试件制备。

选用 350mm×150mm×16mm Q235 板材加工单边 V 形坡口，采用活性气体保护电弧焊（metal active gas arc welding，MAG）方法对接焊接制成 350mm×300mm×16mm 试板。

（2）表面处理及划线。

利用砂轮、砂纸、钢丝刷等工具对待测试件清理，清除表面的锈迹和氧化层。用 0.106～

0.150mm 细砂纸交叉打磨(预处理),然后用划针在待测点处轻轻刻出十字作为待贴应变片位置中心线,仔细磨去凸边,利用脱脂棉蘸乙醇及丙酮多次清洗待测工件表面,些许干燥后应立即粘贴电阻应变花,以防止金属表面再次氧化生锈。

(3) 粘贴应变花。

本实验选用的应变花型号是 BJ 120-1.5-ϕ1.5CA,其由 3 个方向应变片构成,如图 5-1 所示,粘贴位置如图 5-2 所示。

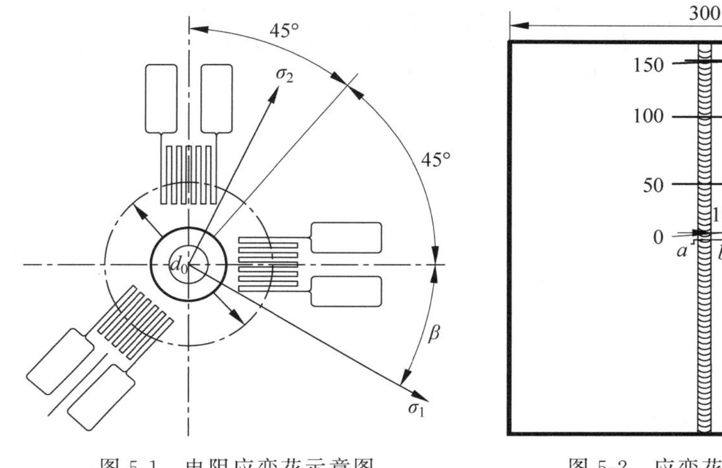

图 5-1　电阻应变花示意图　　　　图 5-2　应变花粘贴位置示意图

粘贴前检查应变花,不允许表面存在折皱。辨清应变花的正反面,做预贴片演练。用万用表测量其电阻值来判断是否符合要求。选用快速固化的 502 胶水滴在应变花粘贴面上使其形成一层薄面,把应变花中心对准试件划线位置,再覆盖一张薄膜放在应变花上面,手指压紧 1～2min 后,放置 24h 以达到最大粘贴强度,用于下次实验测量。

五、分析总结

(1) 了解应变片的种类及应用。

(2) 分析应变片粘贴强度的影响因素。

(3) 总结应力释放法测应力对试件表面的处理方法及要求。

实验六

应变仪使用方法及残余应力测定

一、实验目的

(1) 了解应力释放法测试焊接残余应力的基本原理。

(2) 了解焊接残余应力的产生原因及消除方法。

(3) 掌握焊接残余应力在对接试板中的分布规律及影响因素。

二、实验内容

(1) 钻孔。

(2) 测量残余应力。

三、实验设备及材料

钻孔装置(ZDL-Ⅱ型)、测残余应力打孔仪(RSD1 型)、焊接试板(Q235 或 16Mn 等钢板或铝/镁合金板)、型号为 TJ 120-1.5-ϕ1.5 的电阻应变片(灵敏系数为 2.07,标称电阻值为 120Ω)、型号为 BE 120-3AA 的电阻应变片(灵敏系数为 2.11,标称电阻值为 120Ω)、残余应力测试仪(ASMB2-24)、动静态应变测试仪(JM3841)、镊子、钢板尺、电烙铁、焊锡丝、502 胶水、乙醇、丙酮、脱脂棉、砂纸。

四、实验原理

利用焊接试板切开或钻孔后的边界效应,根据应力释放原理测试残余应力。盲孔法测量焊接残余应力的基本原理如下。

薄板焊接试件内有双向残余应力场(σ_1,σ_2)存在,在工件表面任意点钻取一定深度的盲孔会破坏原有的残余应力平衡，使盲孔周围的应力场重新调整。即钻孔释放了该处的应变和残余应力，它们同时改变并存在对应关系。测定出释放应变后，再利用弹性力学原理就可以得出盲孔处的焊接残余应力大小，残余应力的计算公式如下：

$$\begin{cases}\sigma_1=\dfrac{\varepsilon_1+\varepsilon_3}{4A}-\dfrac{1}{4B}\sqrt{(\varepsilon_1-\varepsilon_3)^2+(2\varepsilon_2-\varepsilon_1-\varepsilon_3)^2}\\\sigma_2=\dfrac{\varepsilon_1+\varepsilon_3}{4A}+\dfrac{1}{4B}\sqrt{(\varepsilon_1-\varepsilon_3)^2+(2\varepsilon_2-\varepsilon_1-\varepsilon_3)^2}\\\tan2\theta=\dfrac{2\varepsilon_2-\varepsilon_1-\varepsilon_3}{\varepsilon_3-\varepsilon_1}\end{cases}\tag{6-1}$$

式中：ε_1、ε_2、ε_3 分别是沿焊缝方向，与焊缝成 135°方向和 90°垂直方向的释放应变量，单位为 $\mu\varepsilon$；θ 为最大主应力角；σ_1 和 σ_2 为最大和最小主应力，单位为 MPa；应变释放系数 A、B 由拉伸标定实验取定，本实验的应变释放系数 $A=-0.46\times10^{-6}\text{MPa}^{-1}$，$B=-0.79\times10^{-6}\text{MPa}^{-1}$。

加工应变的存在将降低实验的精度，本实验的材料加工应变取 $\varepsilon=-39\mu\varepsilon$（采用砂布抛光轮时为 $-193\mu\varepsilon$），将测得的应变值统一减去加工应变后计算应力。

沿焊缝方向的纵向残余应力 σ_x 和垂直于焊缝方向的横向残余应力 σ_y 计算公式如式(6-2)所示。

$$\begin{cases}\sigma_x=\dfrac{\varepsilon_1+\varepsilon_3}{4A}+\dfrac{\varepsilon_1-\varepsilon_3}{4B}\\\sigma_y=\dfrac{\varepsilon_1+\varepsilon_3}{4A}-\dfrac{\varepsilon_1-\varepsilon_3}{4B}\end{cases}\tag{6-2}$$

五、实验方法及步骤

(1) 仪器调试及连接。

对粘贴好的应变花一般要先用万用表检查，贴片过程中损坏的应变片应弃用。检查完毕后焊接引出线与连接片，再将试板上的各应变片按顺序号通过屏蔽线接入附有预调平衡箱(P20R-5 型)的电阻应变仪(YJ-5 型)回路。通过应变仪调零可确定应变片是否稳定，如果应变片的焊接点没有焊好或是绝缘电阻没有达到规定的要求(一般为 100MΩ 以上)，就会产生漂移或摆动的情况。漂移严重的应变片应被弃用，再重新贴片。本型号的应变片灵敏系数在 2.07±0.0207，电阻值为 120Ω，误差为±0.24。将应变仪上各应变片的初始应变数均调至 0，若不能调零则用电阻应变仪测量应变片的初始应变读数，并记录数据。

(2) 安装钻具对中。

预先调整钻孔装置(DZL-1 型)，使钻具的 3 个支脚高度一致。调整放大镜的焦距观察钻具与工件表面的位置情况，将应变花中心位置初步对准。将 502 胶水滴入脚座与工件之间使支架脚座固定。然后拧紧锁帽，松开锁紧压盖，微调 x、y 方向的 4 个调节螺丝行程，使放大镜里的十字线中心与应变花中心标记重合，锁紧压盖。完成后将应变仪重新调零。

(3) 钻孔。

钻孔前用直径为 2.0mm 的平底端铣刀将钻孔部位的基底划去，然后通过卡圈和厚度定位挡块调整钻孔深度为2.0mm。钻孔方式采用直径为1.0mm的麻花钻钻头钻孔和直径为1.5mm的钻头扩孔。应变释放完1～2min后测读应变仪读数。待试板温度恢复至室温后，用电阻应变仪再次测量接头试板上各相应电阻应变片的应变读数，并记录下数据。

(4) 拆卸。

拆卸钻具，清洗支脚，放回原处。

六、数据处理和分析

(1) 将测量出的各应变量按测量点序号填入表6-1，并按照前述公式计算残余应力。计算出的应力符号为正时，应力为拉伸残余应力；符号为负时，为压缩残余应力。

表6-1　实验数据记录及处理

试件编号	测点位置	测点编号	到中心的距离/mm	焊缝方向	45°方向	垂直方向	最大应力	最小应力	纵向应力	横向应力
				$\varepsilon_1/\mu\varepsilon$	$\varepsilon_2/\mu\varepsilon$	$\varepsilon_3/\mu\varepsilon$	σ_1/MPa	σ_2/MPa	σ_x/MPa	σ_y/MPa
	沿焊缝中心　与焊缝垂直									

(2) 根据计算出的焊接残余应力的值，按照对称于x轴及y轴的分布规律在直角坐标系中分别绘出焊接接头纵向残余应力和横向残余应力的分布曲线。

(3) 根据实验结果说明焊接残余应力的分布规律，分析实验误差产生的原因。

附　完全释放法(切条法)测试焊接残余应力原理及步骤

一、采用完全释放法测试残余应力

其原理是利用焊接试板切开后的边界效应，根据应力释放原理测试残余应力。

(1) 将需要测定内应力的焊件划分几个区域(如横向应力区、纵向应力区)并均匀设置测点；在各区待测点粘贴应变片，测定其原始数据读数(或调零)。在靠近测量点处将焊件沿垂直于焊缝方向切断，并在各测量点间切出梳状切口，使内应力得以释放。对于某一梳条，用电阻应变仪测量的释放前后的应变量差值为释放应变。

(2) 相应焊缝残余应力可按公式计算。

(3) 用同样的方法，测出每一个测量点的残余应力。

二、注意事项

(1) 测量结果受切条宽度影响很大，因此切条时要尽可能使每条宽度一致。

(2) 贴应变片时应尽可能使各片间距保持均等，以便于切条保持宽度一致。

(3) 切条时，切割速度不宜过快。

(4) 实验钢板厚度不宜太厚。

三、实验步骤

(1) 试板焊接：两块 300mm×100mm×6mm Q235 板材对接焊接成 300mm×200mm×6mm 试板。

(2) 试件清理：利用砂轮、砂纸、钢丝刷等工具对待测试件清理。

(3) 打磨除锈：先用 0.106～0.150mm 细砂纸预磨，然后划出待贴应变片位置中心线，仔细磨去凸边，利用脱脂棉蘸乙醇及丙酮多次清洗，吹干后贴片。

(4) 划线贴片：划线前辨认好应变片正反面，做预贴片演练，无误后将涂有少量 502 胶水的应变片贴于划线处，垫上塑料片指压 1min。

(5) 接线调试：贴上连接片，连接好应变片与预调平衡箱和应变仪，调试电阻使各点初读数为 0 或整数。

(6) 锯切释放：24h 后将试板在接近应变处切开，然后在两片之间锯切开槽，切成梳状。

(7) 数据记录。

(8) 应力计算。

四、实验数据的整理和分析

将测量出的各应变量按测量点序号填入表中。

若为单向应力，则根据虎克定律，用下面两式计算：

$$\sigma_x = -E\Delta\varepsilon_x = -E(\varepsilon_{x1} - \varepsilon_{x0})$$

$$\sigma_y = -E\Delta\varepsilon_y = -E(\varepsilon_{y1} - \varepsilon_{y0})$$

若为双向内应力，则应根据广义虎克定律，用下面两式求得：

$$\sigma_x = -\frac{E(\varepsilon_x + \mu\varepsilon_y)}{1-\mu^2}$$

$$\sigma_y = -\frac{E(\varepsilon_y + \mu\varepsilon_x)}{1-\mu^2}$$

式中，E 为弹性模量，$\mu=0.30$，$E=210\text{GPa}$。

当计算出的应力符号为正时，应力为拉伸残余应力；符号为负时，为压缩残余应力。

实验七

弧焊机器人的编程与操作

一、实验目的

（1）通过本实验，了解焊接机器人的结构及其焊接系统的组成。

（2）初步掌握弧焊机器人的编程方法及编程指令的使用。

（3）能够使用机器人实现简单位置焊缝的焊接。

二、实验内容

（1）编程方法和编程指令的使用。

（2）弧焊机器人的编程与操作。

三、实验设备及器材

UP20 型弧焊机器人工作站、厚度为 3～5mm 的钢板或铝板。

四、工作站系统的构成

机器人本体、机器人控制器、焊接电源和辅助系统（送丝机构、保护气体等）。

五、注意事项

（1）弧焊机器人属于贵重设备且操作复杂，实验时必须有实验指导教师在场。未经实验指导教师允许，不得擅自操作机器人。

（2）实验前必须认真阅读实验指导书，阅读操作说明书，熟悉弧焊机器人的操作步骤，在实验指导教师的指导下进行操作。

(3) 机器人的机械手可以高速运动，弧焊过程中具有高温、弧光，若焊接参数选择不当，则可能出现焊接飞溅等，因此实验时必须做好防护，注意安全。实验结束后注意关闭水、电、气，检查无误后方可离开现场。

(4) 实验中一旦出现异常情况，立即切断电源，通知实验指导教师，不得擅自处理异常现场。

六、实验步骤

本实验以平角焊缝为例，介绍如何对弧焊机器人进行示教和再现。弧焊机器人的编程运行工作分为示教和再现两部分。

1. 机器人的示教

(1) 打开控制柜上的电源开关，系统进入自检。系统自检完成后，在示教盒的显示屏上会显示出主菜单。

(2) 按下控制柜上的示教[TEACH]按钮，该按钮被点亮。然后按下伺服启动/准备[SERVO ON/READY]按钮，该按钮开始闪动，表示系统处于伺服准备[SERVO READY]状态。此时系统处于示教模式。

(3) 按下示教盒上的示教锁定[TEACH LOCK]按钮，该按钮被点亮，表示可以进行示教。然后将光标移到程序项，按下选择键[SELECT]，进入下一级菜单。

(4) 在这一级子菜单中有多项选择，如果要执行已经编好的存在 XRC 的程序，则将光标移到选择程序，然后按下选择键[SELECT]。如果是建立一个新程序，则将光标移到建立新程序，按下选择键[SELECT]。出现如图 7-1 所示的画面。

(5) 在进入建立新程序的画面后，首先要给新程序命名。将光标移到程序名，按下选择键[SELECT]，出现如图 7-2 所示的画面。

生成新程序
程序名：************
注　释：
轴组设定：R1
执行　取消

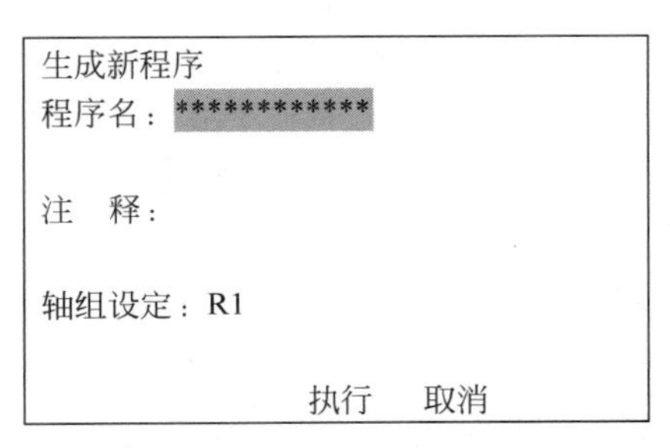

图 7-1　选择程序/建立新程序

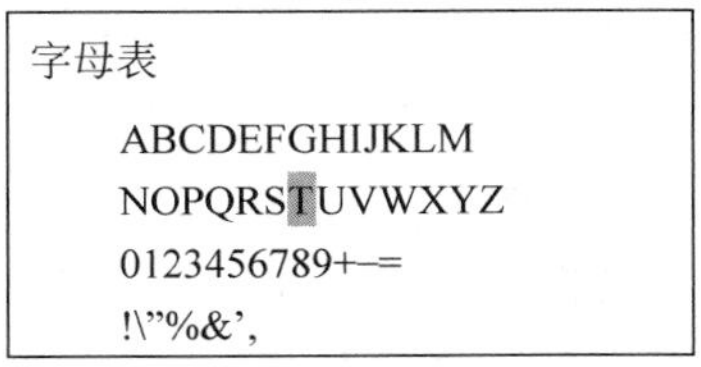

字母表
ABCDEFGHIJKLM
NOPQRSTUVWXYZ
0123456789+–=
!\"%&',

图 7-2　给新程序命名

假如所取的新程序名为“TEST”，为了输入“TEST”，首先将光标移动到“T”，按下选择键[SELECT]。同样地，依次按下“E”“S”“T”，则“TEST”出现在显示屏下部的缓冲区，如图 7-3 所示。

按下确认键[ENTER]进行保存，如图 7-4 所示。程序名可以由英文字母和数字组成，最多可以使用 8 个字符。

图 7-3 命名新程序为“TEST”

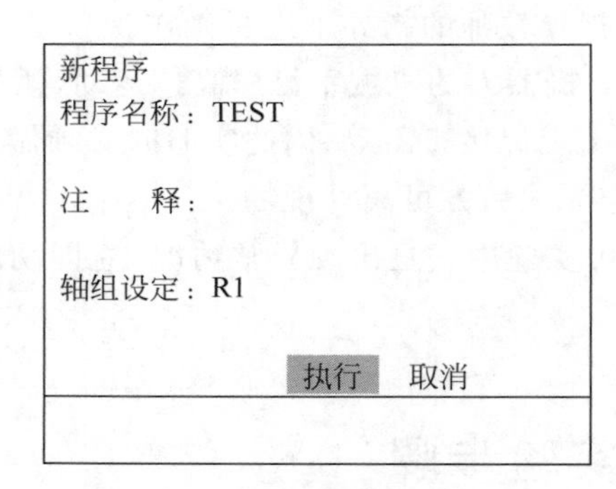

图 7-4 保存程序名称

在图 7-4 中，程序名称下方的注释是对这一新程序功能的注释，可以加上也可以不加。如需要加注释，其方法与为程序命名的操作相同。注释下方的轴组设定是选择在本程序中所控制的轴组。如果只控制机器人本体，则选择 R1，如果还需要控制外部轴，则须选择 R1＋S1 或 R1＋S1：S1（本系统有两根外部轴）。这些都选择完以后，将光标移到“执行”按下选择键[SELECT]。程序“TEST”将被储存到 XRC 的内存中，并且该作业被显示出来，如图 7-5 所示。

程序	编辑	显示	实用工具

新程序
J: TEST　S: 000　R1　TOOL: 1
0000 NOP
0001 END

=>MOVJ VJ=0.78

图 7-5 程序被储存且显示作业

至此，可以开始示教过程。示教过程可以分为两步进行：首先进行路径规划，即用轴操作键控制机器人沿预定的轨迹走一遍，实现路径示教；然后设定运动参数及焊接参数。这样便完成了整个示教过程。需要注意，机器人在示教过程中的速度是手动速度，是由示教盒上的速度控制键来控制的。在远离工件或其他障碍物时，可以选择中速或高速；在接近工件时一定要选择低速，避免焊枪与工件相撞，以防引起事故。

(6) 操作者用左手轻轻握紧示教盒背面的手柄开关，接通伺服电源。此时，示教盒上的伺服指示灯[SERVO ON]被点亮，表示可以用轴操作键操纵机器人的手臂运动。在此后的操作中要一直保持手柄开关处在接通状态。在操纵手臂运动之前，首先要确定工作原点，即在保持机器人手臂不动时先按下确认键[ENTER]，在显示区显示出第一条运动命令。这条运动命令不完成任何动作，只起到记忆工作原点的作用，如图 7-6 所示。

(7) 用示教盒上的坐标系选择键[COORD]选择直角坐标或关节坐标，将手动速度调到中速。用轴操作键操纵机器人由工作原点到工件附近的一点，并调整好焊枪的姿态（注意，当控制焊枪平行移动时，应选择直角坐标系，调整焊枪姿态时最好使用关节坐标系），按下确认键[ENTER]完成第二步，如图 7-7 所示。

(8) 将手动速度调到低速，用轴操作键控制焊枪接近工件，控制好焊枪的姿态和焊丝伸出长度，按下确认键[ENTER]完成第三步，如图 7-8 所示。

(9) 第四步是施焊，首先用示教盒上的运动模式选择键[MOTION TYPE]将显示缓冲区中的关节运动命令 MOVJ，换成直线运动命令 MOVL。然后移动机器人沿焊缝运动，到达焊缝终点时按下确认键[ENTER]，完成第四步施焊，如图 7-9 所示。

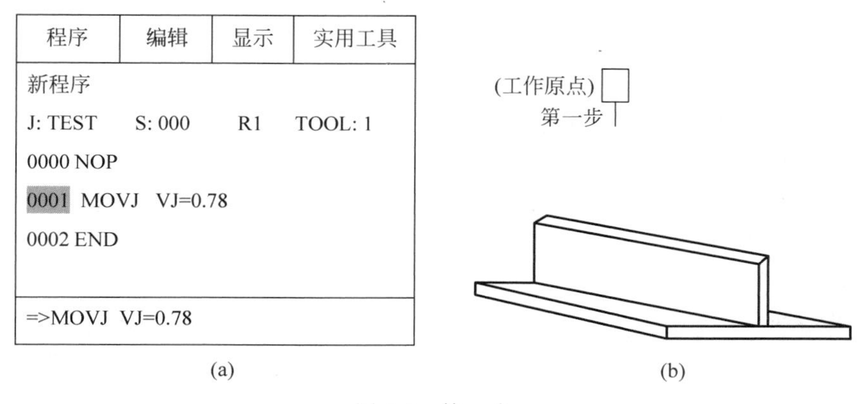

图 7-6　第一步

（a）显示第一条运动命令；（b）确定工作原点

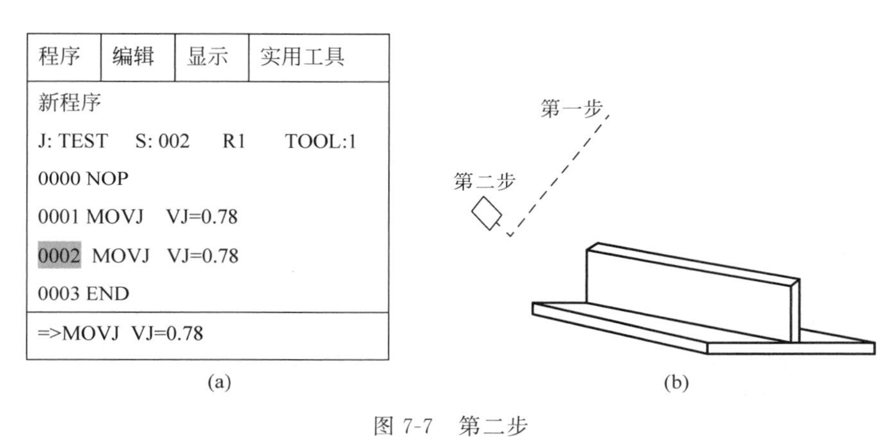

图 7-7　第二步

（a）选择坐标系及调节手动速度为中速；（b）操纵机器人到工件附近一点

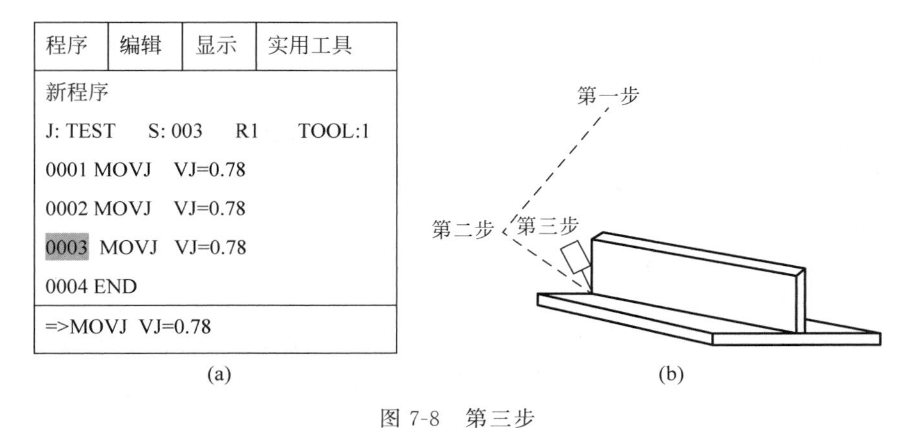

图 7-8　第三步

（a）调节手动速度至低速；（b）控制焊枪接近工件

（10）第五步是离开焊缝，避免焊枪返回工作原点时与工件相碰。在完成这一步时，首先用运动模式选择键[MOTION TYPE]将运动模式调回关节运动模式，然后用轴操作键控制焊枪离开工件，按下确认键[ENTER]，完成这一步，如图 7-10 所示。

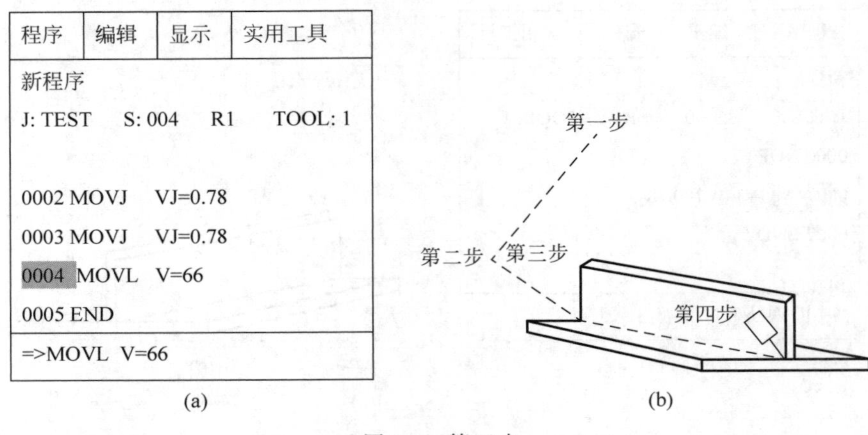

(a) (b)

图 7-9 第四步

(a) 将 MOVJ 换成 MOVL；(b) 施焊

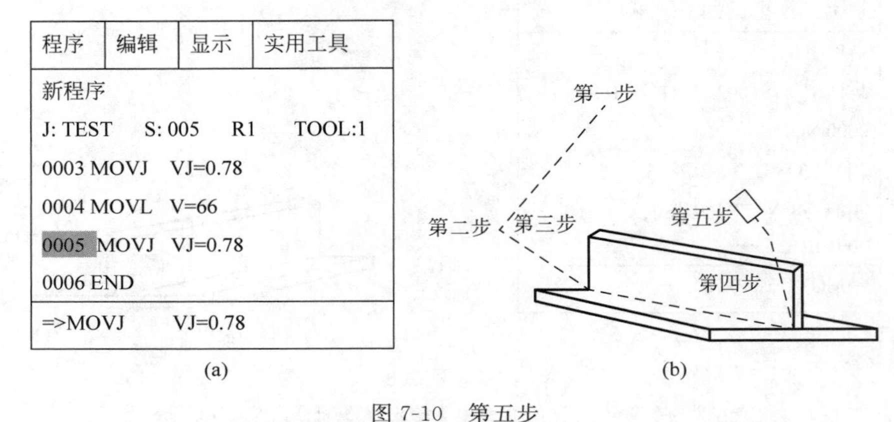

(a) (b)

图 7-10 第五步

(a) 将运动模式调回关节运动模式；(b) 控制焊枪离开工件

(11) 第六步是返回工作原点。为了保证最后一点与第一点重合，首先将光标移到第一点所在行，此时光标开始闪动，表示目前所处位置不是这一点的位置。按下示教盒上的单步前进键[FWD]，机器人将自动回到工作原点位置，此时光标不再闪动，如图 7-11 所示。然后将光标移到第五行按下确认键[SELECT]。到此为止，路径示教完成。为了确认路径是否正确，要用单步运行的方法来检验。

首先，将光标移到第一行，按下示教盒上的单步前进键[FWD]，每按一次[FWD]键，机器人前进一步，每按一次[BWD]键，机器人后退一步。直至完成全部运动。

(12) 路径示教完成后，要设定运动参数，即机器人运行时每一步的运动速度。此时可以松开示教盒上的伺服开关。需要注意，不同的运动命令，其参数的单位是不一样的。如关节运动命令“MOVJ VJ=0.78”，这里的 0.78 指机器人关节运动最高速度的 0.78%，不是一个绝对速度。而直线运动命令“MOVL V=66”则表示此时焊枪端部的移动速度是 66cm/min。因此，在设定运动参数时要注意参数的单位。

设定方法是将光标移到要设定参数的行，如第四行，然后右移再按下选择键[SELECT]，光标就进入设定区，再移光标到参数位置，即可用示教盒的数字键，如图 7-12

程序	编辑	显示	实用工具
新程序			
J: TEST　S: 006　R1　TOOL:1			
0004 MOVL　V=66			
0005 MOVJ　VJ=0.78			
0006 MOVJ　VJ=0.78			
0007 END			
=>MOVJ　VJ=0.78			

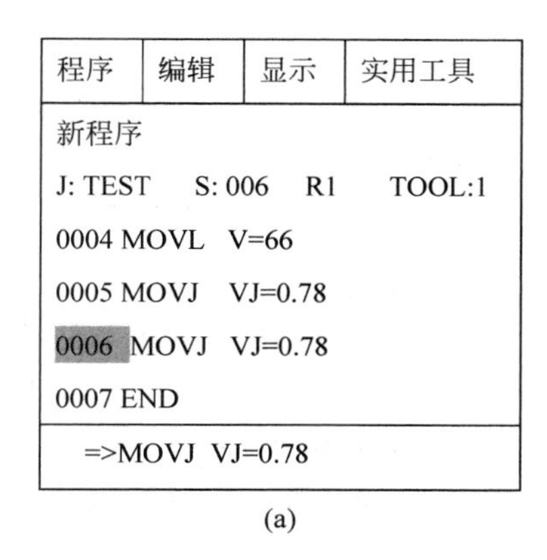

(a)

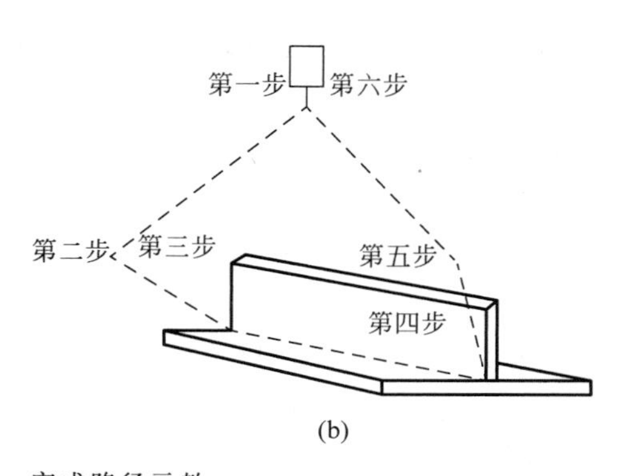

(b)

图 7-11　完成路径示教

（a）程序运行完毕；（b）机器人回到工作原点

所示。

输入所希望的数字(如 50)，如图 7-13 所示然后按两次确认键[ENTER]。第一次按进入显示缓冲区，第二次按才进入编程区，如图 7-14 所示。

程序	编辑	显示	实用工具
新程序			
J: TEST　S: 006　R1　TOOL:1			
0004　MOVL V=66			
0005 MOVJ　VJ=0.78			
0006 MOVJ　VJ=0.78			
0007 END			
=>MOVJ　VJ=0.78			

图 7-12　参数行激活示教

程序	编辑	显示	实用工具
新程序			
J: TEST　S: 006　R1　TOOL:1			
0004 MOVL　V=66			
0005 MOVJ　VJ=0.78			
0006 MOVJ　VJ=0.78			
0007 END			
=> MOVL　V=66			
=〉MOVL　V=50			

图 7-13　参数数值设定示教

程序	编辑	显示	实用工具
新程序			
J: TEST　S: 006　R1　TOOL:1			
0004 MOVL　V=66			
0005 MOVJ　VJ=0.78			
0006 MOVJ　VJ=0.78			
0007 END			
=> MOVL　V=50			
=〉MOVL　V=50			

(a)

程序	编辑	显示	实用工具
新程序			
J: TEST　S: 006　R1　TOOL:1			
0004　MOVL　V=50			
0005 MOVJ　VJ=0.78			
0006 MOVJ　VJ=0.78			
0007 END			
=> MOVL　V=50			
=〉MOVL　V=50			

(b)

图 7-14　参数修改界面

（a）显示缓冲区；（b）编程区

其余行的参数也依此方法设定。

(13) 所有参数设定完以后,应使机器人连续试运行一次,以检查各运动参数是否合理。方法是将光标移到 0000 行,同时按下示教盒上的[INTER LOCK]键和[TEST START]键,机器人将按照设定的速度连续重复所有步骤,直至完成整个过程后,停止作业。

(14) 完成上述过程后即可插入焊接命令。

(a) 将光标移到要插入焊接命令的行,在本例中起弧命令应插在第三行与第四行之间,所以应把光标移到第三行,按下插入键[INSERT],再按起弧命令键[ARC ON],则出现如下画面。将光标移到"焊机未使用",按下[SELECT]键,如图 7-15 所示。

(b) 将光标移到"WELD1"按下[SELECT]键(图 7-16),再将光标移到设定方法行的"未使用"上,按下[SELECT]键,如图 7-17 所示。

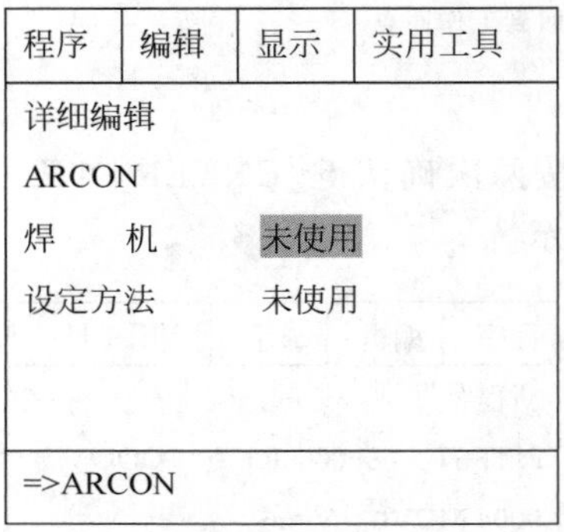

程序 编辑 显示 实用工具
详细编辑
ARCON
焊　机　　未使用
设定方法　未使用
=>ARCON

图 7-15　起弧命令激活示教

图 7-16　焊机选择示教

(c) 将光标移到"AC="按下[SELECT]键(图 7-18)。再将光标移到 AC=1 的数字"1"上,按下[SELECT]键(图 7-19)。在输入缓冲区的显示中输入焊接电流(图 7-20),此时用数字键输入即可,例如输入 150,按[ENTER]键(图 7-21)。再将光标移到 AV=0.1 行的数字 0.1 上,按下[SELECT]键(图 7-22),在输入缓冲区输入电压,如 20,按下[ENTER]键(图 7-23)。再按一次[ENTER]键即完成了焊接参数的设定(图 7-24)。

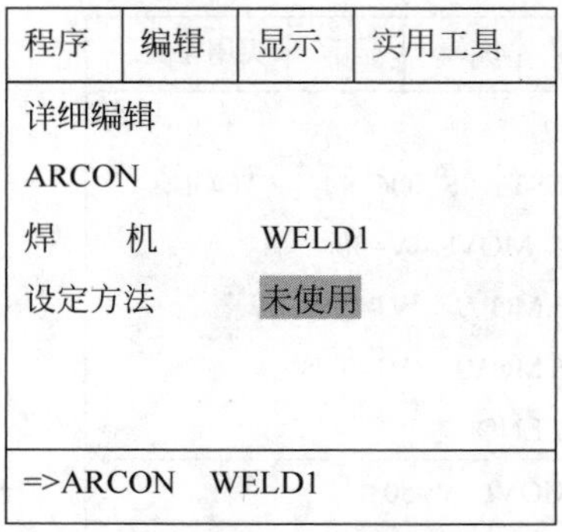

程序 编辑 显示 实用工具
详细编辑
ARCON
焊　机　　WELD1
设定方法　未使用
=>ARCON　WELD1

图 7-17　设定方法选择示教

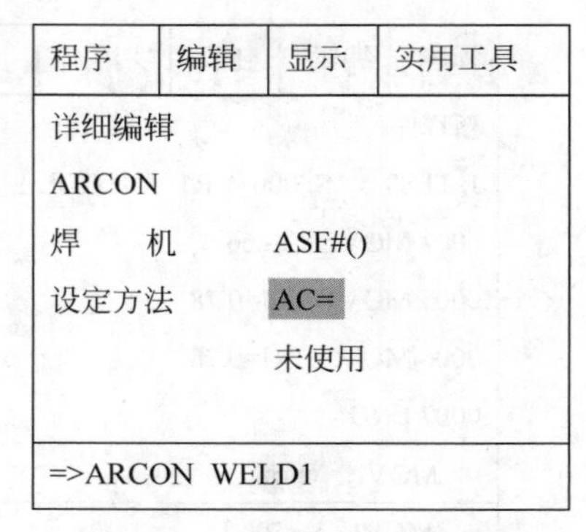

图 7-18　焊接参数选择示教

程序	编辑	显示	实用工具
详细编辑			
ARCON			
焊　机	WELD1		
焊接电流	AC=1		
焊接电压	AV=0.1		
定 时 器	未使用		
速　度	未使用		
在 引 弧	未使用		
=>ARCON WELD1 AC=1 AV=0.1			

图 7-19　焊接电流选择示教

程序	编辑	显示	实用工具
详细编辑			
ARCON			
焊　机	WELD1		
焊接电流	AC=1		
焊接电压	AV=0.1		
定 时 器	未使用		
速　度	未使用		
在 引 弧	未使用		
=>ARCON WELD1 AC=1 AV=0.1			
〉焊接电流=			

图 7-20　焊接电流修改界面

程序	编辑	显示	实用工具
详细编辑			
ARCON			
焊　机	WELD1		
焊接电流	AC=150		
焊接电压	AV=0.1		
定 时 器	未使用		
速　度	未使用		
在 引 弧	未使用		
=>ARCON WELD1 AC=1 AV=0.1			
〉焊接电流=150			

图 7-21　焊接电压选择

程序	编辑	显示	实用工具
详细编辑			
ARCON			
焊　机	WELD1		
焊接电流	AC=150		
焊接电压	AV=0.1		
定 时 器	未使用		
速　度	未使用		
在 引 弧	未使用		
=>ARCON WELD1 AC=1 AV=0.1			
〉焊接电压=			

图 7-22　焊接电压修改界面

程序	编辑	显示	实用工具
详细编辑			
ARCON			
焊　机	WELD1		
焊接电流	AC=150		
焊接电压	AV=20		
定 时 器	未使用		
速　度	未使用		
在 引 弧	未使用		
=>ARCON WELD1 AC=1 AV=0.1			
〉焊接电压=20			

图 7-23　焊接电压设定

程序	编辑	显示	实用工具
新程序			
J: TEST　S: 005　R1　TOOL:1			
0003 MOVJ VJ=0.78			
0004 ARC ON AC=150 AV=20			
0005 MOVL V=66			
0005 MOVJ VJ=5			
0006 MOVJ VJ=10			
0007 END			
=>ARC ON WELD1 AC=150 AV=20			

图 7-24　焊接参数完成示意图

(d) 按照上述步骤插入焊接结束命令[ARC OFF]。

2. 修改一个程序

当一个作业程序编完以后,有可能需要修改。修改包含两个方面:一个是位置修改,一个是增加或删除工步。

1) 修改位置

利用单步执行命令移动机器人到所要修改的位置,然后用轴操作键移动焊枪到新的位置。接着按下修改键[MODIFY],再按下确认键[ENTER],即完成了位置的修改。

2) 增加一个工步

在上述的例子中,如果在步(5)和步(6)之间增加一个工步,则需要①按[FWD]键移动机械手,到第(5)步(行 0005)使用轴操作键移动机械手到所希望添加工步的位置;②按下插入键[INSERT];③按下确认键[ENTER],工步的增加就完成了。增加一个工步后,工步号将自动调整。

3) 删除一个工步

删除刚才所增加的工步,步骤如下。

(1) 按[FWD]键移动机械手到步(6)(行号 0006)。

(2) 确认光标停留在所要删除的工步上,按下选择键[DELETE]。

(3) 按下确认键[ENTER]。该工步就被删除了。

3. 机器人的再现

(1) 再次按下示教锁定键[TEACH LOCK],然后将示教盒挂在控制箱上。

(2) 按下控制箱上的运行按钮[PLAY],再次按下伺服启动按钮[SERVO ON],伺服按钮点亮。

(3) 打开焊机开关,打开气瓶,调试气体流量,打开冷却器开关。

(4) 按下控制箱上的启动按钮[START],焊接过程即可自动完成。

七、思考题

(1) 为什么每次操作机器人之前都要确定工作原点?

(2) “MOVJ”和“MOVL”这两条指令有何区别?在焊直焊缝时应选择哪条指令?

(3) 焊接参数是否还可以用别的方法设定?

实验八

X射线探伤

一、实验目的

（1）了解 X 射线探伤机的组成、使用及安全技术。

（2）全面了解 X 射线照相法探伤所用的相关器材、技术要领和实际操作过程。

（3）了解 X 射线底片的暗室处理过程及方法。

（4）结合实验了解相关标准。

二、实验内容

（1）熟悉 XX-2005 型 X 射线探伤机的操作步骤。

（2）根据试件要求选定探伤位置，清除试件上的污物，检验部位上的定位及标记。

（3）移动 X 射线机或试件，对中和调整焦距，选择曝光曲线、曝光规范。

（4）暗室底片处理。

三、实验器材

XX-2005 型 X 射线探伤机、焊接试板、线型像质计、铅字码 1 盒、胶片、增感屏、底片处理设备及器材、铅板、直尺等。

四、实验原理

利用射线对材料的透射性能及不同材料对射线的吸收、衰减程度不同的物理特性来发现缺陷，使底片感光获得图像。该法是工业生产中最常用的无损检测方法。

射线的种类很多，其中易于穿透物质的有 X 射线、γ 射线、中子射线 3 种。这 3 种射线都被用于无损检测，其中X射线和γ射线广泛用于锅炉压力容器焊缝和其他工业产品、结构材料的缺陷检测，而中子射线仅用于一些特殊场合。

五、实验方法及步骤

1. 初始技术准备阶段

(1) 明确探伤任务，确认探伤对象(试件或产品)，弄清材质、壁厚及探伤部位和用户目的；同时检查试件的表面状况，进行必要的清理。

(2) 选择并检查探伤设备的完好情况。

(3) 确定透照方式，选择曝光规范。

(4) 准备好胶片、增感屏、线型像质计(符合JB/T 7902—2015《无损检测 线型像质计通用规范》的规定)、铅板、铅字码等标记和其他相关器材。

(5) 射线防护。X射线对人体健康会造成极大危害，应具备必要的防护设施，尽量避免射线的直接或间接照射。射线照相的辐射防护应遵循GB 18871—2002和"中华人民共和国国家标准批准发布公告2017年第6号"及相关各级安全防护法规的规定。

2. 实际操作阶段

1) 探伤机准备

(1) 探伤机的操作。将探伤机、控制箱放到预定位置后，连接好电缆线。

(2) 控制箱操作。首先将控制箱面板上的主要旋钮置于初始位置(归零)，关闭电源按钮。

(3) 设置曝光参数。按试板材质和厚度选择曝光参数，将定时器调至预定时间。

2) 胶片及暗盒准备

(1) 在暗室内打开红光灯，将预先准备好的胶片和增感屏装入暗盒或暗袋，并封好袋口。

(2) 检查并清点暗袋，需要达到预定的数量和装片质量。

3) 透照间准备

(1) 将清理后的试板置于探伤系统中的对应位置，并放好底部铅板、铅遮板等防止散射线的物件。

(2) 将预先准备好的胶片暗袋(带有识别标记)贴于被检部位的试板背面。

(3) 将线型像质计、定位标记、搭接标记置于被检试板的上面。

(4) 按选择的透照方式和透照距离(焦距)将探伤机的姿态和位置调至理想位置，实现对位调焦。

(5) 清理现场，关好透照间的门窗并撤离现场。

4) 预热机器与开机透照

(1) 将控制箱面板上的电源开关旋至"1""2""3"的某一固定位置，使电源指示最接近220V。此时，电源指示灯亮，油冷机的部件马达开动，预热射线管阴极灯丝，预热时间至少20min。

(2) 将千伏旋钮旋至最左(置零),按下千伏接触开关,并逐渐顺时针增大管电压至设定值。此时射线管被施加高压电,产生X射线,高压指示灯亮,管电流表有指示计时器开始计时。

(3) 在实施透照程序时,操作者应始终注意千伏表和电流表的指示情况,如有波动,及时调整千伏或毫安钮旋,使其保持在设定范围。

5) 关机

距曝光结束前10s,定时器蜂鸣器响起,提示曝光结束。此时操作者应及时将千伏或毫安旋钮逐渐调至零点,待时钟归零时,切断高压电源,至此一次曝光结束。然后,取回暗盒(袋)。

3. 暗室底片处理阶段

1) 显影

(1) 配制显影液(按使用说明)。

(2) 在暗室里将暗盒内曝光后的射线底片取出,用夹子夹紧并放入已配制显影液的槽内进行显影。注意适当翻动并防止胶片之间不要摩擦! 随时观察显影情况,一般显影时间为5~6min。

(3) 到预定的显影时间后,取出底片,置入中和槽内进行中和冲洗。

2) 定影

(1) 配制定影液(按使用说明)。

(2) 将中和槽内中和冲洗后的射线底片取出,用夹子夹紧并放入定影液的槽内进行定影。注意适当翻动并防止划伤胶片! 随时观察定影情况,大约需要20min。

(3) 到达预定的定影时间后,取出底片,置入中和槽内进行最后冲洗。

3) 底片最后冲洗

将定影后的底片用清水冲洗30min左右,然后置入干燥夹内阴干。

六、注意事项

(1) 注意安全,防止射线伤害和高压电击等危险!

(2) 爱护器材,按操作规程使用。铅字、铅箭头像质计等用后放回原处!

(3) 使用胶片、增感屏时注意清洁。

(4) 实验完毕,清理现场,保持室内卫生。

七、实验要求

(1) 独立完成并按时提交本次实验报告,实验报告中应有独立思考的内容。

(2) 对每次实验内容及时进行整理,便于课程考核。

八、参考标准

（1）GB/T 3323.1—2019《焊缝无损检测　射线检测　第1部分：X和伽玛射线的胶片技术》。

（2）JB/T 7902—2015《无损检测　线型像质计通用规范》。

（3）GB 18871—2002《电离辐射防护与辐射源安全基本标准》。

（4）中华人民共和国国家标准批准发布公告2017年第6号。

九、思考题

（1）射线探伤的灵敏度是怎样定义的？实际应用时是怎样处理的？什么叫作像质指数？哪些因素会影响射线探伤的灵敏度？

（2）在射线探伤中像质计是怎样应用的？具体摆放有何要求？为何有这样的要求？可否改变？

实验九

X射线底片评定

一、实验目的

（1）了解X射线底片的质量要求及评定指标。

（2）学会使用强光观片设备并能够初步辨认X射线底片的缺陷影像。

（3）了解黑白密度计的操作过程及底片黑度测量的方法。

（4）结合相关标准评定工件质量等级。

二、实验内容

（1）在强光观片灯下观察底片，利用理论知识对底片的各种影像进行辨识。

（2）测底片的黑度及灵敏度。

（3）根据GB/T 37910.1—2019标准（参见附录一）对焊接质量进行评级。

三、实验器材

FM2000PRO强光观片灯、DM3011黑白密度计、1组X射线底片、直尺。

四、实验原理

基于X射线的穿透性、荧光效应和感光效应及被穿透的组织结构存在着密度和厚度的差异，X射线在穿透过程中被吸收的程度不同，因此到达荧屏或胶片上的X射线量存在差异。这样，在荧屏或胶片上就形成明暗或黑白对比不同的影像。

五、实验方法及步骤

(1) 利用强光观片灯对射线底片进行观察，利用已有知识和经验对底片上出现的各种影像进行识别；注意观察各种缺陷的特征、像质计的类型和摆放的位置及各种标记的影像。

(2) 选定 5 张底片进行评定。

(a) 测出底片的黑度、灵敏度。

(b) 对接头中的缺陷类型进行辨认(依据 GB/T 6417.1—2005《金属熔化焊接头缺欠分类及说明》)。

(c) 对接头中的缺陷位置进行标定。

(d) 依据 GB/T 37910.1—2019 标准对接头质量进行评级。

六、实验报告要求

(1) 填写 X 射线检验报告单。

(2) 根据实验结果，分析射线照相规范对底片黑度及检测结果的影响。

X 射线检验报告单

胶片型号：____________________；增感方式：____________________；

母材牌号：____________________；增感屏型号：____________________；

母材壁厚：________________mm；焊缝类别：____________________；

透照厚度：________________mm；试板尺寸：____________________；

曝光参数：管电压__________kV；管电流：__________mA；

曝光时间__________min；透照距离(焦距)__________mm；

暗室处理规范：

显影时间__________min；定影时间__________min；

水冲时间__________min；水温__________℃；

黑度计型号：____________________；底片黑度范围：____________________；

像质指数 Z：____________________；

缺陷种类：(实际观察)

缺陷位置：(附图说明)

焊缝质量等级(按 GB 37910.1—2019 评定)：__________级；

报告人：____________________；

报告日期：________年________月________日

七、思考题

(1) 射线底片黑度是如何定义的？怎样测量底片的黑度？对射线底片的黑度要求为何给出一个较宽的范围，而不是一个理想值？

(2) 何为像质等级？A 级、B 级合格底片的黑度范围分别是多少？

实验十

超声波探伤仪性能测试

一、实验目的

(1) 熟悉超声波探伤仪的使用及操作要领。

(2) 了解超声波探头的使用操作过程,初步学会辨认始波、底波和伤波。

(3) 掌握超声波探伤仪性能测试的基本方法。

二、实验内容

(1) 测定超声波探伤仪的水平线性。

(2) 测定超声波探伤仪的垂直线性。

三、实验原理

利用超声波在标准试块中的传播、界面反射、折射(产生波型转换)和衰减等物理性质来检测超声波探伤仪的使用性能。

四、实验设备及器材

CTS-22/23 型超声波探伤仪、1 组 5P14 或 2.5P20 超声波直探头、CS-1-5 型试块和 CSK-1A 型试块各 1 块、直尺、耦合剂等。

五、实验提示

超声波检测工件时,工件中的缺陷位置和大小是通过缺陷的超声回波显示在超声波探伤仪示波屏上的。因此通过适当调整面板上设置的组合旋钮后,探伤仪的扫描线(时基线)

能否按一定比例反映出超声波在工件中经过的距离(声程),以及反射波的波高能否按特定的规律反映回波能量的大小是评价超声波探伤仪的两个重要性能。前者表征探伤仪的水平线性,涉及缺陷定位的准确性;后者表征探伤仪的垂直线性,涉及缺陷大小的准确描述。

六、实验方法及步骤

1. 测试水平线性

水平线性测试采用直探头。试块可使用探伤面与底面平行、无内部缺陷且表面光滑的任何试块。试块的厚度原则上为相对于探测声程的20%。探伤仪的抑制旋钮置“0”,其他调整旋钮取适当值。

操作方法如下。

接通超声波探伤仪电源,使其进入稳定的工作状态。适当调节聚焦旋钮,使扫描线清晰可见。

将探头压在CSK-1A型试块的最大平面上(此时壁厚为25mm),预先在试块的探测面加适量的耦合剂(机油),以保证良好的声耦合及保持波高信号的稳定。然后调节探伤仪面板上的衰减器或增益旋钮,并配合调节深度调节旋钮和脉冲移位旋钮,使示波屏上显示出6次底波,如图10-1所示。

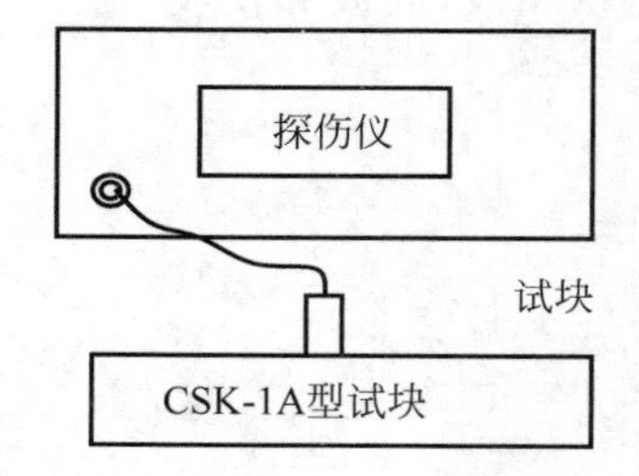

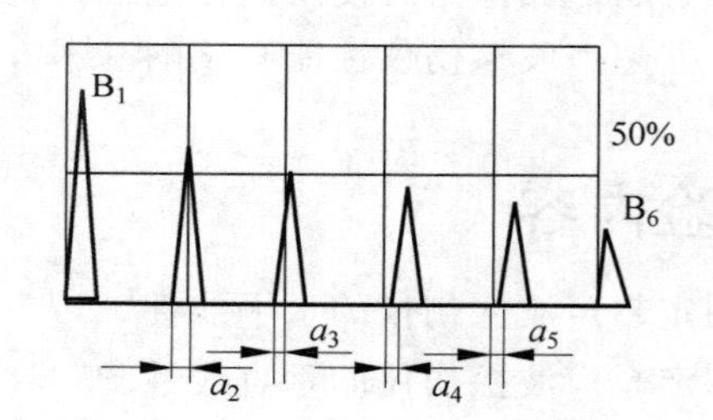

图10-1 水平线性测定示意图

在波高为50%满刻度时,将底波 B_1 和 B_6 的前沿分别对准时基线上的0和100刻度值。底波 B_1 和 B_6 的前沿位置在调节过程肯定会相互影响,这时需要反复调节,使其准确对准预定值。

之后,依次且分别将其他底波 B_2、B_3、B_4、B_5 的高度调到50%满刻度,再分别读取各自前沿与刻度线20、40、60、80的偏差 a_2、a_3、a_4、a_5,将数据记录在表10-1中。最后取它们的最大者 a_{max} 的绝对值作为水平线性误差的确定值,即

$$\triangle L = |a_{max}|\ \% \tag{10-1}$$

表10-1 水平线性测定记录

底波号	B_1	B_2	B_3	B_4	B_5	B_6
理论值	0	20	40	60	80	100
时基线读数	0					100
偏差值	0					0

2. 测试垂直线性

垂直线性也叫作放大线性或波幅线性，其目的是检查超声波探伤仪的增益线性和衰减器的精度。探伤仪的抑制旋钮置“0”，其他调整旋钮取适当值。

测试方法(图 10-2)如下。

将直探头压在 CS-1-5 型试块上(预先在试块的探测面加适量的耦合剂(机油)，以保证良好的声耦合及保持波高信号的稳定)，然后将该试块底面的 $\phi 2$ 平底孔的回波调至时基线近中央处(图 10-2)。

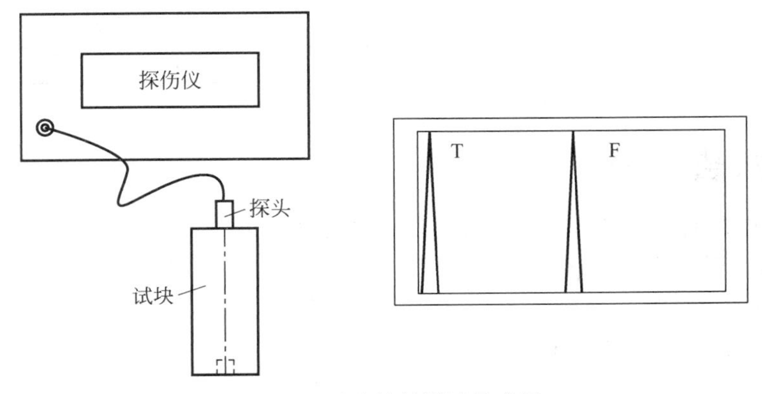

图 10-2　垂直线性测试示意图

调节衰减器或探头位置，使 $\phi 2$ 平底孔的回波波高恰好达到 100%满刻度。注意：此时，细调衰减器的刻度盘至少应留有 30dB 的调节余量。

此后，开始做垂直线性测试。操作者以每次 2dB 的增量调节衰减器，每次调节后刻度值的百分数记下回波幅度。这样一直进行到衰减器累计增量调节达到 26dB。此时 $\phi 2$ 平底孔的回波接近 0。

在波高从 100%降至 0 的过程中，衰减器所经历的累计改变量的分贝数成为探伤仪的动态范围，也是探伤仪的重要指标。

将上述记录值填入表 10-2，并进行数据处理，进而得到测试值与回波理论值的一组偏差值。从数据表中提取出最大正偏差 $d(+)$ 和最大负偏差 $d(-)$ 的绝对值之和，即垂直线性误差。

$$\triangle d=[|d(+)|+|d(-)|]\% \tag{10-2}$$

表 10-2　垂直线性测试记录

衰减量/dB	波高理论值/%	波高测试值/%	偏差值/%
0	100.0		
2	79.4		
4	63.1		
6	50.1		
8	39.8		
10	31.6		

续表

衰减量/dB	波高理论值/%	波高测试值/%	偏差值/%
12	25.1		
14	20.0		
16	15.8		
18	12.5		
20	10.0		
22	7.9		
24	6.3		
26	5.0		
28			
30			

七、实验报告要求

除上述实验数据，本次实验还要记录以下内容。

（1）探伤仪型号、生产厂名。

（2）探头型号、频率。

（3）探伤仪重要旋钮的位置、作用等。

（4）对实验中出现的现象进行必要的分析和讨论。

实验十一

超声波探伤系统组合性能测试

一、实验目的

(1) 进一步熟悉超声波探伤仪的使用方法及操作要领。

(2) 掌握超声波探伤系统组合性能测试的基本方法。

(3) 结合实验过程进一步熟悉标准试块的应用。

二、实验内容

(1) 超声波探伤系统的组合灵敏度测试。

(2) 超声波探伤系统的组合盲区测试。

(3) 超声波探伤系统的组合分辨力测试。

三、实验原理

利用超声波在标准试块中具有的传播、界面反射、折射(产生波型转换)和衰减等物理性质检测超声波探伤仪的使用性能。

四、实验设备及器材

CTS-22/23 型超声波探伤仪、1 组超声波直探头、CS-1-5 型试块和 CSK-1A 型试块、直尺、耦合剂等。

五、实验提示

超声波探伤系统的组合灵敏度是指设备的最大探伤灵敏度，一般用灵敏度余量来表征。灵敏度余量大的探伤系统，意味着在一定声程处能够检测出微小的缺陷，即对较小的回波信号具有很大的放大潜力。

超声波探伤系统的组合盲区是指距探测面一定深度内不能用于探伤的区域，往往随探伤系统的灵敏度改变而变化，在实验中应注意观察和验证。超声波探伤系统的组合分辨力一般指纵向分辨力，是指在组合盲区以外，能够检出两个相邻而不连续的一定大小的缺陷的能力。

六、实验方法及步骤

1. 测试组合灵敏度

本项测试是为了检查超声波探伤系统的探测最小缺陷的能力，此项指标用灵敏度余量来表征。测试采用CS-1-5型试块，探伤仪的抑制旋钮置“0”，其他调整旋钮取适当值。

测试方法如下：

(1) 测定系统的最大灵敏度。首先将探头置于实验台面，使之对空辐射。然后将探伤仪的增益调至最大，所有衰减器均置0。这时系统的放大能力最大。此时若系统的电噪声较大，超过10%满刻度，则可通过调节衰减器旋钮，使其降低到10%满刻度以下。记下此时衰减器的初读数 S_1。如果未经衰减器调节系统的电噪声已经小于10%满刻度，那么 S_1 值为0。

(2) 测定系统的标定灵敏度。将探头压在CS-1-5型试块的探测面上(加入适量的耦合剂(机油)，以保证良好的声耦合)，保持增益不变，通过改变衰减器旋钮，使该试块底面的 $\phi2$ 平底孔的回波波高最接近50%满刻度(图10-2)；记下此状态下衰减器的读数 S_2。

(3) 计算灵敏度余量。即超声波探伤系统的组合灵敏度可由下式求得：

$$S = S_2 - S_1 \tag{11-1}$$

将组合灵敏度的值填入表11-1中。

表11-1 组合灵敏度实测记录

探伤仪型号	探头型号	S_1	S_2	S

2. 测试组合盲区

组合盲区的概念指探伤系统在规定的灵敏度下，从探伤面至可探测缺陷深度的最小距离。本测试仍采用CS-1-5型试块，探伤仪的抑制旋钮置“0”，其他调整旋钮取适当值。

测试方法如下。

(1) 定比例尺。将探头压在CS-1-5型试块的探测面上(加入适量的耦合剂(机油)，以保证良好的声耦合)，调节仪器的旋钮，使该试块底面回波 B_1 对准时基线上50刻度值；B_2 对准时基线上100刻度值；此时，时基线刻度线上每小格代表的实际深度为9mm。

(2) 定灵敏度。调节仪器的旋钮，使该试块底面 $\phi2$ 平底孔的回波波高达到50%满刻度。

（3）定盲区。在确定系统灵敏度和比例尺后，从探伤仪示波屏的时基线上直接测得始波后沿与 20％满刻度线（高度线）交点在时基线上的投影点至时基线 0 刻度的读数，此读数即探伤系统的组合盲区，如图 11-1 所示。

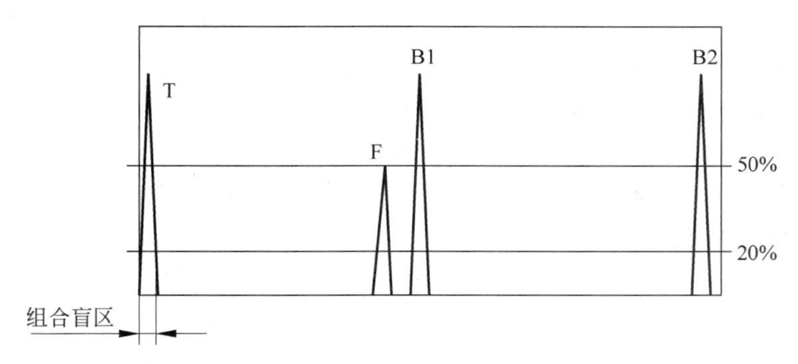

图 11-1　组合盲区测试示意图

3. 测试组合分辨力

此项测试是为了检查超声波探伤系统在一定探伤距离内分辨两个相邻缺陷的能力。测试采用 CSK-1A 型试块，探伤仪的抑制旋钮置“0”，其他调整旋钮取适当值。

测试方法如下（图 11-2）。

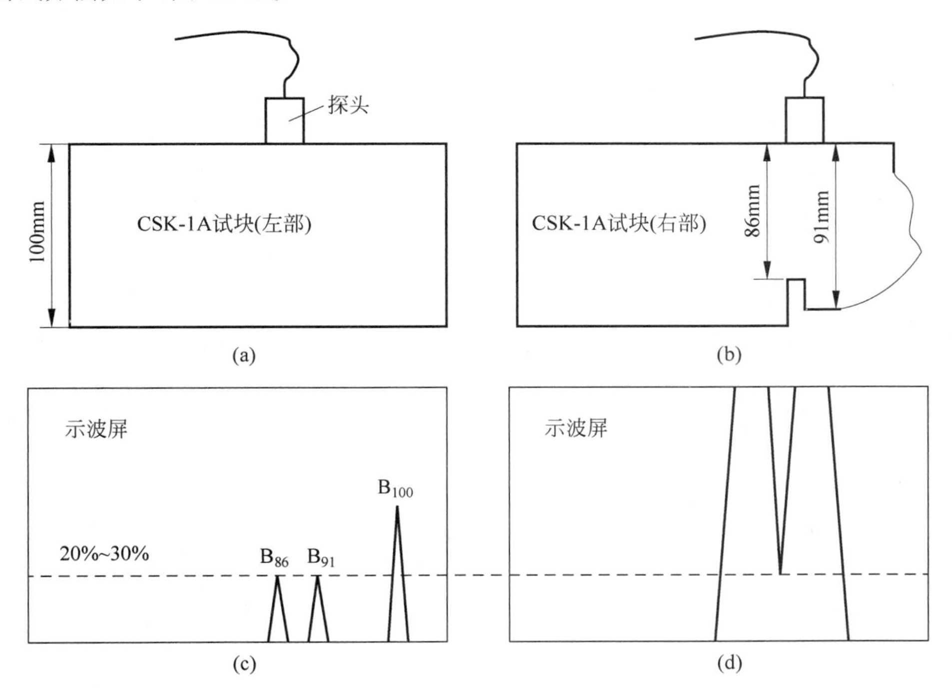

图 11-2　组合分辨力测试示意图

（a）探头置于试块 100mm 厚度处；（b）探头移至豁口处；（c）调至 B_{86}，B_{91} 回波高度相同并达 20％～30％；（d）B_{86}，B_{91} 之间谷点提升至初始波高（20％～30％）

（1）找底波。将探头压在 CS-1 型试块的长边探测面上（加入适量的耦合剂（机油），以保证良好的声耦合)，调节仪器的深度和脉冲移位旋钮，找到该试块声程为 100mm 的底面回波 B_{100}(图 11-2(a))。

(2) 找邻波。将探头移至豁口上方(图 11-2(b))，通过探头左右移动，扫查到豁口处相邻的两个小台阶的回波 B_{86} 和 B_{91}，且通过调节探头位置和调节衰减器使二者均达到 20%～30%满刻度(图 11-2(c))，此时，记下衰减器的读数 S_1；然后释放衰减器，使豁口处相邻的两个小台阶的回波 B_{86} 和 B_{91} 之间的谷点提升至初始波高(图 11-2(d))；此时，记下衰减器的读数。

(3) 算分辨力。通过图 11-2(c)到(d)两个波形对应的状态的衰减器改变量 S 即以 dB 数描述的超声波探伤系统的分辨力，即

$$S = S_1 - S_2 \tag{11-2}$$

实验十二

着色渗透探伤

一、实验目的

（1）了解着色渗透探伤的操作工艺过程及缺陷的显示方法。
（2）了解着色渗透探伤影响灵敏度的因素。

二、实验内容

（1）清理焊缝试板，预清洗，渗透，去除（清洗）。
（2）显像，检查，记录，处理，质量评定。

三、实验原理

采用着色剂（含红色染料）的渗透液渗入工件表面的开口缺陷中，然后用水或其他清洗液将工件表面多余的渗透液清洗干净，待工件干燥后再把显像剂涂在工件表面，利用毛细作用将缺陷中的渗透液吸附出来，通过白色显像剂形成鲜明对比时的图像来显示缺陷，观察时在自然光或白光下用肉眼观察红色的显示痕迹。

四、实验器材

焊缝的试板（钢板、铝板等）、着色探伤剂1套（清洗、渗透、显像）、丙酮或乙酸异戊酯、钢尺、照度计、钢丝刷、砂纸、锉刀、钳子、时钟、棉花、抹布等。

五、实验方法及步骤

（1）清洗试件表面，先将工件被检部位用清洗剂清洗干净，除去足以影响检查效果的污物。若条件允许，最好先将工件在允许温度（80℃）下作加热处理以蒸发缺陷内充塞的油、水等物，使缺陷内腔充分空出，可提高检测效果。

(2) 喷涂渗透剂，保持不干的状态10～15min，使足够的渗透液进入缺陷内部。

(3) 擦去多余的渗透液，然后用清洗剂除去残留的渗透液，但要注意不得过清洗，防止缺陷中的渗透液被洗去而降低检测的灵敏度。

(4) 喷涂显像剂，待溶剂挥发后(约10min)便能显示缺陷进行观察。

六、注意事项

(1) 着色渗透剂(全部)均为易燃物，在实验操作时不要点火，以保证安全。

(2) 渗透剂一般为红色，喷洒时注意不要粘污衣服，否则不易清洗干净。

实验十三

离心铸造制备过共晶Al-Si合金缸套及组织观察

一、实验目的

(1) 了解卧式离心铸造机的基本结构,掌握其使用方法。

(2) 掌握离心铸造成型变质 Al-Si 合金的基本原理和操作步骤。

(3) 了解浇注温度对离心铸造成型 Al-Si 合金的组织影响规律。

二、实验背景概述

1. 实验介绍

“特种铸造”课程是材料成型及控制工程专业教学计划中铸造专业方向的主要选修课。在学完材料成型原理、材料成型工艺和材料成型设备 3 门必修课基础之上,学生通过学习“特种铸造”课程可以了解和掌握特种铸造方法。特种铸造并不是一个严格的定义,相对砂型铸造而言,其他铸造方法也可称为特种铸造,包括熔模铸造、金属型铸造、挤压铸造、低压铸造、离心铸造、陶瓷模铸造、真空铸造、半固态连续铸造等成型方法。特种铸造已经得到日益广泛的应用。在生产铸件的各种方法中,离心铸造方法仅次于砂型铸造方法,具有举足轻重的地位,约占铸件总产量的 10%。本实验的教学任务是掌握卧式离心铸造机的基本构造与操作方法。学生需要在实验前预习实验指导书,实验时指导教师讲解设备结构、操作方法及实验内容,具体的实验内容由学生独立完成。通过实验,学生应了解卧式离心铸造机的结构特点及工作原理,掌握其操作方法、注意事项及常见操作错误的防止方法;同时,也要了解特种铸造内外不同的相含量变化、不同的组织及其影响因素等,熟悉常规测试设备如显微镜的基本操作。实验课是本教学课程的重要教学环节,其目的是使学生学会理论联系实际,培养学生的实际动手能力和解决常见的有关离心铸造方面的一些问题。通过实验能够使学生更深入地理解特种铸造之一的“离心铸造”所具有的特殊性;使学生无论是从设备的组成上、工艺的步骤上，还是在制备的产品所具有的适用性上都能深入地理解这一特种铸造方法的特点和工艺操作要点。

学生应掌握卧式离心铸造机的结构、工艺步骤、工作过程、操作要点和使用方法；理解卧式离心铸造机重点部件的组成及其该工艺方法的重要性；学会利用模具涂料的工艺过程、常见的铸造缺陷的防止方法。离心铸造成型 Al-Si 合金（亚共晶、过共晶）实验项目是本课程的重要教学环节，其目的是使学生掌握离心铸造的基本原理和方法及其应用范围，从而提高学生的操作能力及实验设计能力和分析解决实际问题的能力。

2. 铸造 Al-Si 合金

Al-Si 合金是铸造铝合金中应用较广泛的一种合金，常应用于航空、航天和汽车制造等领域。Si 作为 Al 的合金化元素，具有改善合金的流动性、减小热裂程度、减少疏松缺陷、提高气密性和热稳定性的功能。Al-Si 合金的共晶成分为 Al-12.2wt.%Si，共晶温度为 577.2℃，此时 Si 在 Al 中达到最大溶解度 1.65wt.%。当 Si 含量较低时，Al-Si 合金表现出较好的塑性；当 Si 含量较高时，Al-Si 合金具有较好的流动性和充型性。过共晶 Al-Si 合金的凝固组织由较软的 Al 基体、硬质点初生 Si 和共晶 Si 相组成。由于 Si 相的显微硬度能达到 HV1000～HV1300，而 Al 的显微硬度为 HV60～HV100，这样软硬相结合的构成提高了合金的耐磨性能。

依据 Al-Si 二元合金相图（图 13-1），不存在 Al 和 Si 之间的化合物。对于铸态未处理的过共晶 Al-Si 合金而言，在共晶温度以上结晶时，液相中首先析出初生 Si，其呈粗大的条片状、块状或骨骼状；随着凝固温度下降，析出的共晶 Si 形貌表现为粗大棒状或鱼骨状；随着 Si 含量的增加，初生 Si 或共晶 Si 的尺寸也越来越粗大。当合金受外力时，这些硬脆相质点的存在极容易引起局部应力集中，严重地割裂合金的基体组织，导致机械性能（塑性和耐磨性）和可机加工性能下降。为此，一般需要针对初生 Si 或共晶 Si 进行变质处理来改善其综

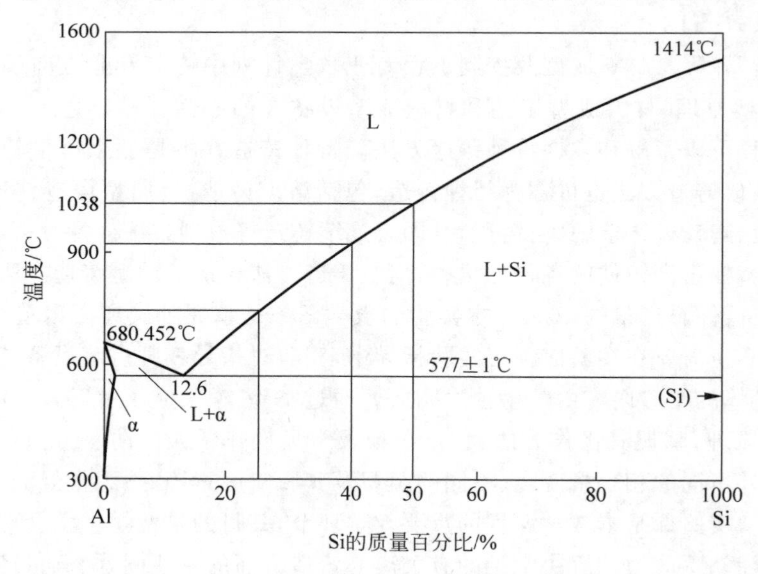

图 13-1 Al-Si 二元合金相图

合性能(力学性能、磨损性能和热物性等)。Al-Si 合金的流动性和膨胀系数随 Si 含量的变化而变化。通常,增加 Si 含量有利于合金的流动性增强,同时其膨胀系数减小。

过共晶 Al-Si 合金也常被用做发动机的活塞材料,这就要求合金具有较好的耐磨性能和较低的热膨胀系数,才更有利于活塞的尺寸稳定性和抗咬合能力。已有研究表明,Al 的热膨胀系数远高于 Si 的,Al-Si 合金的热膨胀系数随着 Si 含量的增加而下降,并与 Si 含量呈线性关系。但是考虑到流动性、耐磨性和机械加工性能,Si 的添加含量还不能过高。因此,在实际的工业生产中使用的过共晶 Al-Si 合金中 Si 含量在 14wt.%～26wt.%。

3. 离心铸造

1) 离心铸造定义及特点

所谓离心铸造就是将液态金属浇入旋转的铸型里,在离心力作用下充型并凝固成铸件的一种铸造方法。离心铸造的特点是:液态金属的补缩效果好,铸件组织致密,机械性能好;铸造空心铸件时,不需要浇冒口;液态金属的利用率相对较高。对某些特定形状的铸件而言,离心铸造是一种节省材料、节能、高效的铸造工艺,可以省去型芯,但是应当留出内孔加工余量,同时离心铸造不适宜密度偏析较大的合金。离心铸造广泛用于生产管、套类铸件,例如铸铁管、铜套、汽缸套双金属轧辊、滚筒等。借助合金中不同元素或金属间化合物的不同,离心铸造也可用来生产梯度功能材料。

2) 影响离心铸造的主要因素

固定成分的合金采用离心铸造成型,其主要影响因素有铸型的离心转速、铸型温度和合金液的浇注温度。

(1) 铸型转速。铸型转速(离心转速)是离心铸造成型过程中需要重点考虑的影响因素。离心转速要根据合金成分、铸件形状尺寸和铸件的铸造工艺要求等进行设计和实施。较低的离心转速不能使金属液正常充型,或者会出现金属熔体“雨淋”现象;同时也会使铸件的内表面出现夹渣、缩松等缺陷,或者出现铸件的内表面凹凸不平或粗糙度较大等不良后果。如果铸型转速过高,则会在铸件表面产生裂纹、偏析等缺陷,降低铸件品质;同时,较高的铸型转速也会使离心铸造机出现较大的振动,导致严重的摩擦损耗和能源损耗,致使生产成本增加。因此在离心铸造过程中,应该尽量选择适中的铸型转速,才能保证铸型质量。为保证铸型转速适合,应从以下 3 个方面进行考虑:首先保证金属液体进入铸型后能够迅速充满铸型;其次保证铸件的质量良好,尽量减少气孔、缩孔等缺陷的出现;此外还要防止铸件产生裂纹、偏析等缺陷。

设计铸型转速时,通常用到以下与重力系数有关的公式:

$$n = 29.9\sqrt{G/R} \tag{13-1}$$

式中,R 为铸件的内部半径,G 为重力系数。

(2) 铸型温度。在离心力场中,金属熔体中的增强颗粒只有在金属处于液态或半液态时才会发生移动。因此金属熔体的冷却速度、凝固速度必然会对增强颗粒分布产生影响。离心铸造过程中的金属模具的导热速度很快,当铸型温度过低,会加速金属熔体的冷却速度与凝固速度,使增强颗粒还未开始移动,就已经开始凝固,如此增强颗粒梯度分布就不佳;当铸型温度过高时,金属铸型的冷却时间增加,会使金属熔体的冷却速度变慢,增强颗粒严重偏聚于内层或外层,使增强颗粒梯度分布不佳。因此,应选择合适的铸型温度来满足实际要求。

(3)浇注温度。浇注温度的高低对功能梯度材料的组织形貌及增强相的偏聚也有很大的影响。浇注温度越高,金属溶液保持熔融状态的时间越长,使得增强相质点有更多的时间移动到铸件的外层或内层,这样使铸件的外层或内层偏聚更多的增强相,铸件组织中的增强相梯度分布更明显。但是浇注温度过高会缩短铸型的使用寿命,降低生产率,增加能耗,提高生产成本。对于铝硅合金来说,浇注温度过高,导致铝硅熔体吸气现象严重,使铸件组织中形成大量气孔,严重降低了合金性能。铸件的外层和内层向中间凝固,使铸件中层不能得到补缩,形成缩孔和缩松,影响铸件质量。浇注温度过低,可能铸件无法成型。

4. 合金熔炼及变质处理

1)Al-Si 合金

本实验项目的过共晶 Al-20wt.%Si 合金,是由工业过共晶 Al-24wt.%合金和纯度99.99wt.%的纯 Al 按质量比配置而成。由于单质 Si 的熔点较高,为了减少合金元素的烧损影响其实际含量,故一般在坩埚电阻炉中熔化时不用纯 Si。如果在真空感应熔炼,可考虑采用此方法,优点是:一加热快,二减少氧化所带来的烧损。

2)精炼剂

过共晶铝硅合金在坩埚电阻炉的加热过程中会产生气体,进而在凝固过程中容易形成缺陷,降低铸件的力学性能。此外在铝硅合金的熔化过程中,可能生成一些氧化物,降低铸件的质量。加入精炼剂可以除去大部分熔体中的各种气体和氧化物,从而改善铸件的组织,提高其铸造和力学性能。

3)变质剂

本实验的变质剂采用1.0wt.%的 Al-3wt.% P 合金。由于过共晶铝硅合金中初生 Si 相尺寸粗大,形状不规则,故限制了合金的力学性能。经过变质处理后,合金的晶粒尺寸和组织将得到有效细化,进而提高过共晶铝硅合金的性能。

4)涂料

在铸型表面涂一层涂料,可以明显地改善缸套外表面的质量,浇注完之后便于从铸型中取出缸套。实验所采用的涂料是氧化镁粉末湿涂料。

三、实验原理

本实验涉及的实验原理主要有离心铸造的原理。所谓离心铸造,就是将液态金属浇入旋转的铸型里,在离心力作用下充型并凝固成铸件的铸造方法。

四、实验内容、材料和设备

本实验是以过共晶 Al-20wt.% Si 合金为研究对象,采用 Al-3wt.%P 进行变质处理,而后采用离心铸造成型缸套,考查浇注温度对其初生 Si 的影响规律。同时根据 Al-20wt.% Si

合金，完成合金配料、建立相应的熔炼制度、合金纯化和变质处理及离心铸造等工艺流程；分析铸件的组织，判断在其他条件不变的前提下，浇注温度对其组织的影响。

1. 实验材料

Al-24wt.%Si(Al-24Si)合金、纯 Al(99.9wt.%)、黏土坩埚、涂料、无水乙醇、精炼剂、Al-3wt.%P 变质剂、砂纸(320＃、600＃、1000＃和 2000＃)、0.5 金刚石研磨膏或抛光液、抛光布、4%HF 溶液。

2. 实验设备

卧式离心铸造机(图 13-2)、SG-7.5-12 坩埚电阻炉、打渣勺、钟罩、预磨机、抛光机、吹风机、光学显微镜(Axio Imager 2M,Carl Zeiss)、手锯、烘箱。

3. 实验方法

在铸件厚度方向的中间位置取样(图 13-3)。腐蚀后对金相样品采用光学显微镜观察，进行初生 Si 相观察，对比变质与未变质在不同浇注条件下的组织。

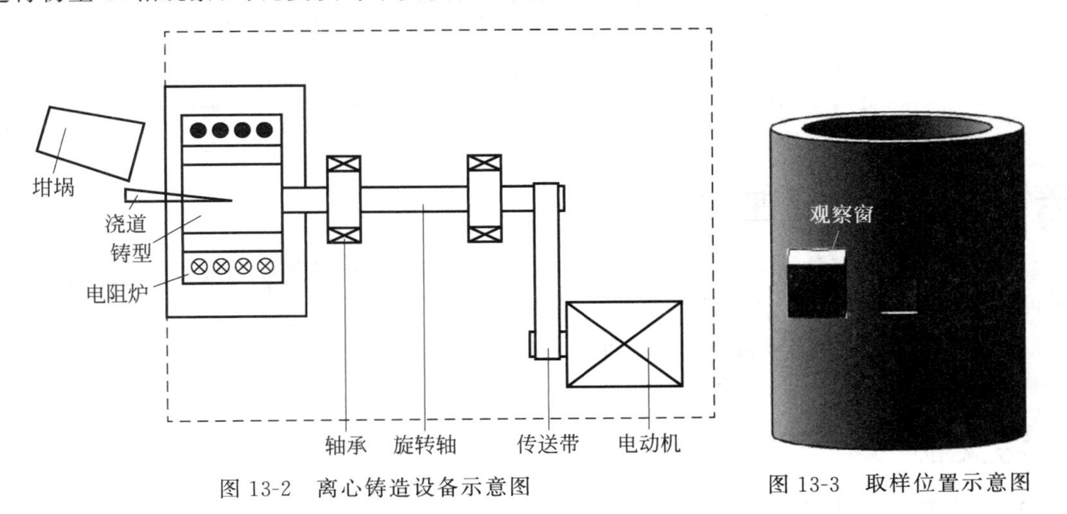

图 13-2　离心铸造设备示意图

图 13-3　取样位置示意图

五、操作步骤及注意事项

1. 操作步骤

(1) 配料：称量合适的 Al-24Si 和纯 Al，配置成 2kg 的 Al-20Si 合金，按照 3%～5%称取变质剂和精炼剂。

(2) 熔化：将纯 Al 放入坩埚电阻炉中，加热至 680℃，保温 90min；同时将所用工具、原材料烘干；将离心铸造机的模具加热至 200℃并保温。

(3) 合金料：待纯 Al 完全熔化后，打渣，然后放入 Al-24Si 合金；再将温度升至 700℃，直至完全熔化。

(4) 变质处理：将烘干的变质剂加入熔体中，并搅拌 2min；然后在 680℃保温。

(5) 精炼处理：将精炼剂加入熔体中，搅拌 2min；然后在 680℃保温。

(6) 打渣处理：对合金液进行打渣处理，然后升温至 720℃保温 10min。

(7) 合金浇注：用坩埚钳将盛有熔体的坩埚取出，将合金液浇入温度为 200℃旋转的模具中。

(8) 冷却后，取出成型的合金钢套。

(9) 在缸套壁厚方向中间位置截取 1cm×1cm 的试样，作为金相样品。

(10) 依次对试样进行打磨、抛光，然后利用 4%HF 溶液进行侵蚀，再用吹风机冷风迅速吹干。

(11) 利用光学显微镜观察其初生 Si 的变化，保存图片。

(12) 调整步骤(7)中的模具转速，其他步骤相同，获得不同转速的缸套成型件。

2. 注意事项

(1) 实验前，检查设备并穿戴防护服装，佩戴护目镜，穿防护鞋。

(2) 所有加入坩埚炉内的工具、原料一定要提前进行烘干处理。

(3) 加入变质剂、精炼剂和打渣时要关闭电源，否则炉温会迅速上升。

(4) 对模具刷涂料保持均匀、低温缓慢加热。

(5) 所有试样尽量在铸件的相同高度相似位置取样，以减少其他因素的干扰。

六、实验数据处理及分析

(1) 观察不同浇注温度下的变质与未变质的合金组织，并将图片处理到一张图上，标记各种成分、各温度并附在报告后面。

(2) 从初生 Si 的尺寸和分布等条件出发对比温度对其的影响规律。

参考文献

尹茂振. 离心铸造对过共晶 Al-20wt. %Si 合金组织及性能的影响[D]. 长春：吉林大学，2014.

实验十四

KBF_4及Al复合变质Mg-5Si合金初生Mg_2Si相

一、目的和要求

通过探索盐类 KBF_4 及合金化元素对过共晶 Mg-5Si 合金凝固过程析出的初生 Mg_2Si 晶体变质的可行性及组织观察，掌握盐类对镁合金变质的方法和技术，初步探讨其变质机制，并深入理解变质对材料组织的影响机制；同时巩固理论知识，掌握冶金原理实验的基本方法，培养学生独立处理分析实验结果的能力。

二、实验背景概述

1. Mg-5Si 合金及 Mg_2Si

根据 Mg-Si 二元合金平衡相图(图 14-1)，可以看出，在低硅镁合金中 Si 含量(质量分数)≤1.38%(共晶点)，相应的组织主要由 α-Mg 和共晶($Mg+Mg_2Si$)组成；而在高硅镁合金中硅含量大于 1.38wt.%时，此时组织主要由初生 Mg_2Si 相和共晶($Mg_2Si+\alpha$-Mg)相组成。有文献表明，粗大的初生 Mg_2Si 相优先析出长大，随着熔体温度的降低，残留液相中的 Si 量逐渐降低至共晶成分结晶析出。达到共晶温度时，残余液相发生共晶转变，最终形成($Mg+Mg_2Si$)共晶相。过共晶 Mg-5Si 合金中大部分的 Si 与 Mg 反应生成 Mg_2Si 金属间化合物。该化合物具有高硬度、高熔点、低密度和低热膨胀系数的特点。因此过共晶 Mg-5Si 合金作为结构材料具有很大的潜力。然而在普通重力铸造条件下，过共晶 Mg-5Si 合金中的初生 Mg_2Si 相常以粗大的树枝晶状或块状存在，合金的性能受到一定程度的抑制。控制和改善初生 Mg_2Si 相的形貌、尺寸和分布，对于提高过共晶 Mg-5Si 合金的性能甚为关键。

研究表明，不同 Si 的加入量会影响生成的 Mg_2Si 颗粒的体积分数、形态和分布。当 Si 含量(质量分数)高于 1.38%后，随着 Si 的加入量增加，虽然不能改变共晶 Mg_2Si 的数量、

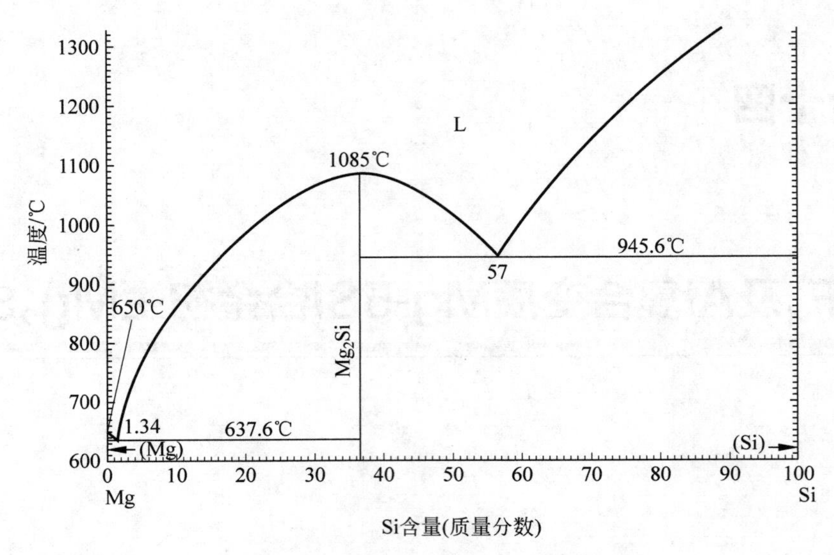

图 14-1 Mg-Si 二元合金平衡相图

形态和分布,但是初生 Mg_2Si 形态会呈“细小的颗粒—粗大的颗粒—花瓣状—单支树枝晶—多支树枝晶”的规律演变;当 Si 含量达到 3wt.%时,初生 Mg_2Si 颗粒局部有团聚现象。金属间化合物 Mg_2Si 具有密排六方(hexagonal close-packed,HCP)结构的晶体结构及较好的物理特性和力学性能,加之具备耐高温等优异性能,使得镁硅合金有可能成为一种新型结构功能材料。

将少量 Si 加入镁合金中,会优先形成高温强化相 Mg_2Si,该相有熔点高(1085℃)、硬度高($4.5\times109N\cdot m^{-2}$)、密度低($1.99\times10^3kg\cdot m^{-3}$)、热膨胀系数低($7.5\times10^{-6}K^{-1}$)和弹性模量高(120GPa)等优点,因此利用 Mg_2Si 来强化耐热镁合金或镁/铝基复合材料是一种可行的方法。但是在常规的重力铸造下,初生 Mg_2Si 多呈粗大的块状,共晶 Mg_2Si 以粗大的汉字状出现,这些都不利于改善合金性能。为此也需要对 Mg_2Si 进行形态(形貌、分布、尺寸)调控以期获得理想的耐热高强镁合金或镁/铝基复合材料。

2. 变质机制

如前所述,铸态下未处理的 Mg_2Si 尺寸粗大,不利于提升合金的力学性能。通常要对 Mg_2Si 进行细化处理,其中研究较多的是变质处理。通常液态金属在凝固过程中,其晶粒形核的方式主要是自发的非均匀形核方式,但是可通过引入形核剂(外加或原位内生)增加非自发形核数目,这种细化晶粒的方式也被称为孕育变质处理。在这个过程中,形核剂就成为孕育变质剂。所谓变质处理就是通过向合金熔体或浇包中加入变质剂或改变工艺条件(磁场、电场、超声波处理等)来改变晶体的形核数目及其生长方式。通过添加微量合金化元素、氧化物和盐类对 Mg_2Si 进行变质处理。Mg_2Si 变质处理可以用在 Al-Mg-Si 合金、Al-Mg_2Si-M 合金和 Mg-Si-X 合金中。由于变质剂不同,也存在不同的观点。变质处理是调控晶体形貌及尺寸的有效手段。目前变质 Mg_2Si 主要有 3 种理论:异质核心理论、成分过冷理论和吸附-毒化机制。

1）异质核心理论

异质核心理论(heterogeneous nucleation theory)是从加入的变质元素改变 Mg_2Si 相形核数量的角度来阐释其对 Mg_2Si 的变质效果的。这种理论认为，当适量的变质剂加入到过共晶镁硅合金熔体时，变质元素能够与合金熔体中某种元素形成某种高熔点化合物。该化合物与初生 Mg_2Si 在晶体结构、晶格参数等方面相近。这样在凝固过程中，这些高熔点的化合物优先凝固形核长大，形成一些细小且弥散分布的小粒子分布在合金熔体中。随着凝固时间的增加，温度下降，这些小粒子就逐渐成为 Mg_2Si 的形核核心，促进了 Mg_2Si 的形核，增加了有效形核率，进而细化了 Mg_2Si 的组织。一般情况下，异质形核能力的大小取决于形核基底与结晶相之间的界面能。而影响界面能的主要因素包括基底与结晶相之间的点阵错配度、基底的表面形态、化学性质及基底与结晶相间的静电位。当点阵错配引起弹性性能急剧升高时，错配度是决定界面能的主要因素。根据 Bramfitt 提出的点阵错配度理论模型，可以推断在非均质形核时，错配度 $\delta<6\%$时核心最有效，δ 在 6%～15%时核心形成中等有效，而 $\delta>15\%$时核心形成可认为无效。

2）成分过冷理论

合金成分过冷理论(constitutional supercooling theory)由 Tiller 首次提出。当合金凝固时，由于溶质再分配造成界面前沿溶质浓度变化，导致理论上的凝固温度的改变而在凝固界面前液相内形成的过冷，这种由固-液界面前沿溶质再分配引起的过冷称为成分过冷。成分过冷既受热扩散控制，更受溶质扩散控制，这种在熔体凝固时，由溶液中溶质成分不均而引起的成分过冷对熔体凝固界面前沿的形态有很大的影响。添加少量 Sr 降低了熔体中 Mg_2Si 的初始结晶温度，从而导致过冷度显著增加。

3）吸附-毒化机制

吸附-毒化机制(adsorption poisoning mechanism)也是目前认可的重要变质机制之一，是调控晶体形貌及尺寸的有效手段，主要作用在晶体的生长阶段。吸附-毒化指熔体在凝固过程中，液相中游离的变质元素选择性地吸附在晶胚的某一特定晶面，毒化晶体生长的台阶，改变不同晶面生长的速度，从而改变晶体的生长形貌。在合金熔体凝固过程中，变质元素以杂质的形式被吸附在 Mg_2Si 晶体生长的台阶上，导致晶体的晶格产生畸变，因而影响了 Mg_2Si 的表面能。变质剂原子在晶体生长过程中选择性地吸附在初生 Mg_2Si 的{100}晶面上，使其生长受到抑制，从而达到调控形貌的目的。这是杂质元素毒化了 Mg_2Si 的生长过程，从而促进多重孪晶的生长。另外，凝固条件(温度、元素偏析、变质剂、杂质分布等)对晶体的小平面生长有很大的影响，其中变质剂很有可能对 Mg_2Si 的小平面生长起到关键性作用。毒化-吸附理论在有稀土元素参与的变质中，应用相当广泛，这是基于稀土元素自身高活性的特点。稀土元素在含 Si 的镁合金中更易以杂质原子的形式吸附在 Mg_2Si 结晶小平面上，从而影响 Mg_2Si 的表面能及其生长方式。这也可能毒化了 Mg_2Si，促进了其孪晶平面的生长。但是吸附-毒化理论仍不能完全解释过多稀土添加引起 Mg_2Si 初生相重新粗大的现象。

异质核心机制对 Mg_2Si 形貌的影响依然存在一定的争议，异质核心可以作为 Mg_2Si 的外来衬底，在较低的熔体成核驱动力(较小的过冷度、较低的浓度偏析)下显著地增加 Mg_2Si 的形核数目，从而可以有效地细化晶粒。然而，异质核心虽然对晶体的形貌有一定的影响，

但并不决定 Mg_2Si 的最终生长形貌。Mg_2Si 的最终形貌更多地受到熔体环境的影响，如过冷度、浓度偏析、熔体的湍流等因素。另外，变质元素加入后虽然形成化合物来作为 Mg_2Si 的异质核心，但是依然存在游离的变质元素吸附在生长前沿，导致 Mg_2Si 形貌的变化。因此异质核心机制通常与吸附-毒化机制协同作用，影响和决定晶体的形貌和尺寸。

3. 盐类变质

吉林大学王慧远等研究了单一或复合添加 KBF_4 和 K_2TiF_6 两种盐变质对 Mg-5Si 合金中初生 Mg_2Si 相的影响。当 KBF_4 加入量为 5.0wt.%时，初生 Mg_2Si 的形态由基体中的粗大树枝状变为规则的多面状，其尺寸则由 100μm 减小到 20μm；同时，汉字状共晶 Mg_2Si 变为细小的纤维状(图 14-2)。当单独加入 5.0wt.%的 K_2TiF_6 时，初生 Mg_2Si 的变化不明显，仍然为树枝晶，但其一次枝晶有所细化。当复合添加 5.0wt.%的两种盐(KBF_4 ∶ K_2TiF_6＝4 ∶ 1)时，初生 Mg_2Si 的尺寸比单一 KBF_4 变质的粗大，形状类似。KBF_4 对初生 Mg_2Si 的较好变质效果归于熔体中游离的[B]原子更容易被吸附在 Mg_2Si 的生长台阶上，作用效果优于 K_2TiF_6 中的 Ti。而且观察到的复合变质效果减弱，其原因可能是由于 Ti 和 B 发生了反应，形成了 TiB_x 化合物，进而降低了合金熔体中有效 B 和 Ti 的含量，致使毒化效果降低。在 KBF_4 单一变质下，随着其含量的增加，初生 Mg_2Si 的尺寸逐渐细小；当含量大于 2wt.%时，细化的效果不再明显，不会出现过变质现象。最终得出最佳的添加量为 2.0wt.%～6.0wt.%。

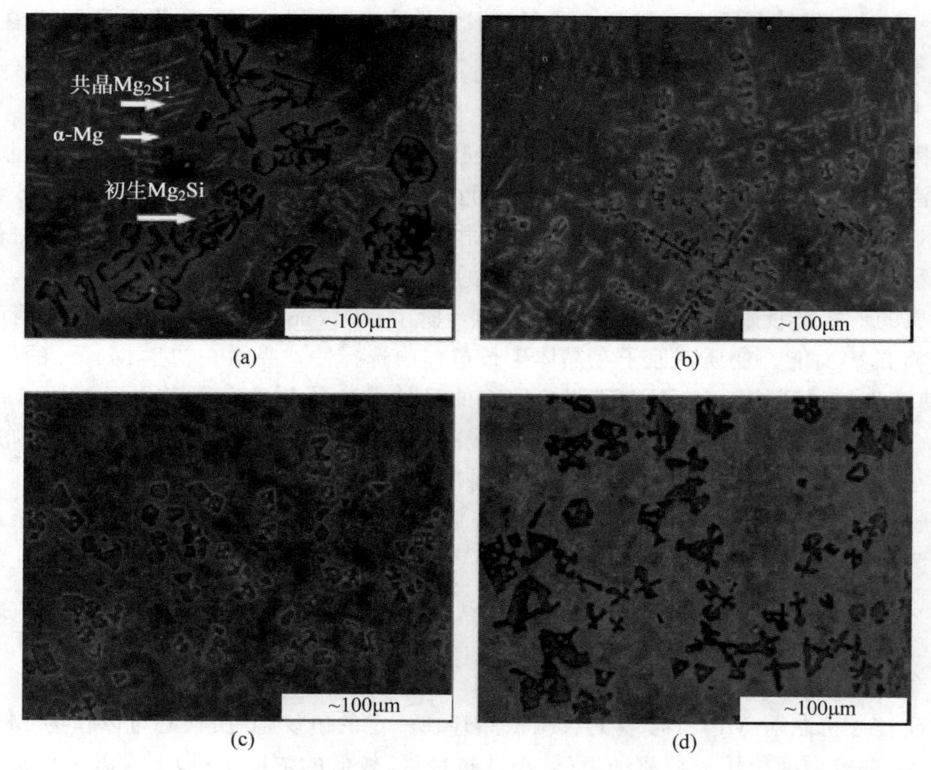

图 14-2 Mg-5wt.% Si 合金 SEM 图

(a) 基体；(b) 5wt.% K_2TiF_6；(c) 5wt.% KBF_4；(d) 5wt.% KBF_4＋K_2TiF_6

4. 合金化(选做,可作为设计性实验)

正如前面所述,镁硅二元镁合金仍属于脆性材料,不适合在工业生产中应用。但是考虑到 Mg_2Si 相在高温下有利于提高合金的高温性能、抗蠕变性能及耐蚀性能,为此需要通过合金引入合金化元素,改善其塑性,同时不降低 Mg_2Si 的变质效果。Al 作为镁合金中常用的合金化元素,共晶点为 12.7wt.%,能够提高基体合金的铸造性能和室温抗拉强度。Mg-Al 系列合金也是镁合金中应用较广的铸造镁合金和变形镁合金。但是 Mg 与 Al 反应生成的 $Mg_{17}Al_{12}$ 的熔点较低,易于软化,不利于合金的高温性能,Mg_2Si 的高熔点恰好弥补了这一点。综上所述,可选择 Al 作为 Mg-Si 合金的合金化元素。

同时,其他元素如 Zn、Y 等也可考虑,学生可以自行分组选择合金化元素并设计其含量。

三、实验原理

在凝固过程中,游离[B]除了富集于固-液界面处,还会吸附在 Mg_2Si 晶体的生长台阶上,改变 Mg_2Si 晶体的界面能,从而有效地毒化 Mg_2Si 的生长方式,抑制初生 Mg_2Si 的各向异性择优生长,即 KBF_4 的变质机制主要为吸附-毒化机制。此外,由于[B]的存在使熔体性质发生了改变,促使形核数量明显增加。因此,[B]的存在除了抑制生长,同时还促进了 Mg_2Si 的形核。异质核心机制通常与吸附-毒化机制协同作用,影响和决定晶体的形貌和尺寸。

四、实验内容、材料、设备和主要方法

1. 实验内容

研究单一添加 KBF_4、复合添加 KBF_4 和合金化元素(Al、Zn、Y 等任选一种)对过共晶 Mg-5Si 合金的初生 Mg_2Si 变质效果。

2. 实验材料

工业纯镁(99.8wt.%)、纯 Si(99.9wt.%)颗粒、纯 Al(99.9wt.%)、分析纯 KBF_4、CO_2、SF_6、高纯 Ar、砂纸、硫粉、研磨膏、抛光布、无水乙醇、1%HF 溶液。

3. 实验设备

天平、坩埚电阻炉、打渣勺、搅拌桨、铸铁模具、高纯石墨坩埚、手锯、预磨机、抛光机、光学显微镜、超声波清洗机、X 射线衍射仪及其他必需的防护用品。

4. 实验方法

将抛光好的金相样品用 1wt.% HF 溶液腐蚀 8~20s,经无水乙醇清洗后,迅速放入

装有无水乙醇的烧杯中、超声波振动3～5min，取出后冷风吹干，金相显微镜组织观察。X射线衍射分析采用丹东X射线衍射仪(DX-2700B)，选用Cu靶Kα射线、射线管工作电压为30kV、工作电流为40mA、扫描速度为4°/min、扫描步长为0.02°(2θ)、扫描范围为20°～80°。

五、操作步骤及注意事项

1. 操作步骤

(1) 配料：坩埚容量为2000g，按照Mg-5Si的成分计算所需纯Mg、Si(按照3wt.% Si烧损)、变质剂KBF_4的量和所要选择的合金化元素及其含量；按照计算所需质量完成称取。

(2) 将高纯石墨坩埚放入坩埚电阻炉内，然后向炉内通入CO_2 : SF_6=100 : 1(体积比)的混合气体。

(3) 将纯Mg放入高纯石墨坩埚中，打开加热开关，先升温至450℃、保温15min；继续升温至600℃并保温20min，再缓慢升至680℃保温。

(4) 在进行(3)的同时，进行合金料和所需工具和模具在200℃下的预热、烘干。

(5) 待纯Mg完全熔化后，将烘干的纯Si颗粒加入Mg液中，升温至700℃并保温90min，这期间每隔约30min利用搅拌桨手动搅拌1次，以便纯Si完全熔化和分布均匀。

(6) 未变质：合金经打渣、高纯Ar气精炼4min，再静置10min。变质处理下，将烘干的KBF_4放入到Mg-Si熔体中，进行充分的搅拌。

(7) 将合金熔体浇入已经预热的铸铁模具中，获得Mg-5Si合金铸锭或变质处理的铸锭。

(8) 将制备好的铸锭利用手锯或线切割切成1cm×1cm的试样。

(9) XRD试样：将试样的一面依次用320#、600#、1200#、2000#砂纸打磨，用无水乙醇清洗，吹干后进行XRD物相测试(详见4.试验方法)。

(10) 利用测试的XRD试样，进行机械抛光和溶液腐蚀(详见4.试验方法)，腐蚀后的样品迅速进行超声波清洗，取出后利用显微镜进行光学组织观察。

(11) 针对合金化元素添加：进行步骤(6)之后，将烘干的合金化元素用Al箔包好，在680℃放入合金熔体中，再进行后续步骤(7)～步骤(10)。

2. 注意事项

(1) 戴好防护手套和护目镜。

(2) 熔炼镁合金时，务必保证原料和工具烘干。

(3) 使用仪器设备，须按照操作规程执行。

(4) 禁止私自动用非本实验的仪器设备。

(5) 实验结束，清洁实验室，保持实验室卫生。

六、实验数据及分析

做好记录，对变质与未变质合金中初生 Mg_2Si 的形貌进行摄影，加注标尺，图片附于实验报告之后，简述其机制。

七、思考题

(1) 对比变质与未变质合金中初生 Mg_2Si 的形貌，简述其机制。

(2) 根据实验结果，简述影响变质效果的因素。

参考文献

[1] 郑娜. KBF_4 变质 Mg-Si 系合金中 Mg_2Si 生长形态的影响因素[D]. 长春：吉林大学，2008.

[2] 陈磊. 变质 Al-20wt. %Mg_2Si 合金中初生 Mg_2Si 生长形貌演化与调控机制[D]. 长春：吉林大学，2015.

[3] WANG H Y，JIANG Q C，MA B X，et al. Modification of Mg_2Si in Mg-Si alloys with K_2TiF_6，KBF_4 and $KBF_4+K_2TiF_6$[J]. Journal of Alloys and Compounds，2005；387：105-108.

[4] 张明昌. 铝硅合金变质剂的制备及变质效果的研究[D]. 锦州：辽宁工业大学，2016.

实验十五

C与CO_2反应平衡气相成分分析

一、目的和要求

(1) 通过测定在大气压力下C与CO_2反应平衡气相成分与温度间的关系,巩固理论教学知识,培养实验的基本技能。

(2) 了解各种因素对反应平衡的影响。

(3) 掌握高温下碳气化反应平衡常数的测定方法。

二、实验背景概述

1. 合金熔炼中的燃烧反应

众所周知,所有的金属制品都离不开铸造熔炼。铸造合金熔炼是铸造生产中最重要的一个环节,要想获得具有良好物理、化学、力学性能的高品质铸件,除着眼于造型和浇注工艺,还必须考虑提高铸件的冶金质量。例如,保证合金的化学成分、减少非金属和气体夹杂及有足够的过冷度等,当然这又和熔炼工艺有关。铸造合金包括铸铁、铸钢和铸造有色合金3大类,本实验也是针对钢铁而言的。在熔炼过程中,参与冶金反应的物质除金属相,还有熔化炉内的燃料、溶剂、精炼剂、变质剂及炉内的炉气、炉渣、炉衬等,基本上包括金属相与气相、金属熔体与固相和金属熔体与熔渣、溶剂、熔体之间的反应。上述反应将直接影响熔炼过程的运行和铸件的质量。

对于钢铁而言,多采用冲天炉熔炼。冲天炉内的燃料燃烧是产生高温的重要手段。冲天炉内的焦炭和鼓风中的O发生反应:$C+CO_2=2CO$,但是熔炼过程中的反应意义不限于此。同时也会发生:$CO_2+Fe=FeO+CO$;并且燃烧焦炭的O也会使Fe氧化:$2Fe+O_2=2FeO$。

这样看来,燃烧反应的产物和反应物又和其他物质发生了化学反应。因此研究燃烧反应对研究铸造合金熔炼具有重要意义。

熔炼过程中涉及的反应体系也是比较多的，如C-O系热力学燃烧、C-O-N、C-H-O等，而这其中最基本的就是C-O系热力学燃烧。C-O系的反应有如下4个：

$$C+O_2=CO_2$$

$$2C+O_2=2CO$$

$$2CO+O_2=2CO_2$$

$$C+CO_2=2CO$$

在冲天炉内最主要的是第4个反应。就目前而言，任何实验或工艺都要有一定的理论参考或理论依据，本实验也不例外。本实验是建立在物理化学、金属学、材料成型设备基础之上的。铸造合金熔炼是在高温下进行的。高温的产生有不同的途径，燃料燃烧是产生高温的一个可行的方法。冲天炉内的C和鼓风机内的O发生反应：$C+O_2=CO_2$，标准状况下的反应自由焓为394.22kJ，该反应放出大量的热，为铸铁熔化提供了能量。由于反应的产物CO_2是氧化性气体，它还能使钢铁中的Fe及合金元素部分氧化，如$Fe+CO_2=FeO+CO$，与此同时，燃烧焦炭的O也会参与这些元素的氧化，例如$2Fe+O_2=2FeO$。由此可见，上述燃烧反应不仅为合金冶炼提供了必要的高温条件，而且其反应物还会与金属料进行化学反应。根据广义高温氧化反应的定义，凡是在高温下，物质与氧化性气体的反应都属于燃烧反应，例如$C+CO_2=2CO$。这类反应在钢铁冶炼中常见。冶炼过程中各气相的压力及组分随时都会影响冶炼的产物组成。因此研究燃烧反应对铸造合金熔炼很有意义。

2. $C+CO_2=2CO$平衡组分的理论计算

通过这个还原反应可以把原燃烧产物CO_2还原成CO，这也是冲天炉还原带的基本化学反应，对还原带的炉气成分和炉气温度也有很大的影响；这个化学反应也是其他一些燃烧反应和冶金反应的基础。掌握相关的热力学计算及气相平衡的成分又是控制炉内气氛的理论基础。举个例子，在这个反应中，根据相律：

$$F=C-P+2=(3-1)-2+2=2 \tag{15-1}$$

自由度为2，就是在温度T、压力P、平衡浓度%CO和%CO_2 4个描述平衡状态的变量中，独立变量只有2个，若选择T和P为独立变量，其他2个就是它们的函数：

$$\%CO=\varphi(T,P) \tag{15-2}$$

$$\%CO_2=\psi(T,P) \tag{15-3}$$

因此，当温度T、压力P恒定时，就能够求出反应的平衡气相成分%CO和%CO_2。以该反应为基础，定量推导如下：由于反应物中的C为固态纯物质，那么其活度$\alpha_C=1$。当反应达到平衡时，

$$(P_{CO}^2)/(P_{CO_2})=K_P=f(T) \tag{15-4}$$

其中，P_{CO}和P_{CO_2}分别代表CO和CO_2的平衡分压。再将$P_{CO}=(\%CO/100)P$、$P_{CO_2}=(\%CO_2/100)P$代入上式整理后，可得

$$(P(\%CO)^2)/(100(\%CO_2))=K_P=f(T) \tag{15-5}$$

根据分压定律：

$$P_{CO}+P_{CO_2}=P \tag{15-6}$$

或

$$\%CO + \%CO_2 = 100 \tag{15-7}$$

可知，当温度一定时，K_P 为定值。即 T、P 给定后，联立上述公式就可求得 CO 和 CO_2 的平衡分压。同时由上式也可以判断出，在压力恒定下，随着温度的增加，平衡常数是增加的，CO 的体积分数也是增加的。

根据已知的 $\Delta G^0 = 170707 - 174.47T$，如果在 1 个大气压、727℃条件下，就可以将 $T = 1000K$ 代入 $\Delta G^0 = RT\ \ln K_P = 170707 - 174.47T$ 中，求得 $K_P = 1.584$，再将 $K_P = 1.584$ 与 $P = 1$ 个大气压共同代入式(15-4)和式(15-6)中，可得平衡气相中 CO 为 69.5%，CO_2 为 30.5%。这样通过分析理论值与实际值的偏差，来指导合金熔炼。

三、实验原理

反应 $C + CO_2 = 2CO$，其自由度 $C = K - \varphi + 2 = 2 - 2 + 2 = 2$，$K$ 为独立组元数，φ 为相数。当取温度 T 和总压($P = P_{CO} + P_{CO_2}$)为独立变量时，则平衡气相成分是 T 和 P 的函数，与原始气相成分无关，此时 $\%CO = f(T, P)$。式中 P 为 1 标准大气压，T 为 700～900℃。根据这一原理，将过量的 C 置于电炉中，通入纯 CO_2 气体，使 C 与 CO_2 在 1 个大气压且温度保持为 T 的条件下反应，待反应体系达到平衡时，抽取一定量的平衡气相中的气体，分析其成分。取 100mL 平衡气体，用 KOH 溶液吸收 CO_2，用连苯三酚溶液(又称焦性没食子酸溶液)吸收氧气，剩余即 CO(为加速反应进行、保持压力接近 1 个大气压，设置了 2 个用于循环气体的橡皮球)。

四、实验内容、材料、设备和主要方法

1. 实验内容

测量在 1 标准大气压下，温度为 700℃、750℃、800℃、900℃的 C 与 CO_2 反应平衡气相成分，并计算相应温度下的反应常数。

2. 实验材料

C、CO_2、KOH 溶液、浓硫酸。

3. 实验设备

1) 反应气相平衡装置

该装置由 CO_2 气体供给系统、气体循环系统、气体分析系统和电源及控制系统组成，反应装置示意图如图 15-1 所示，实物如图 15-2 所示。

2) 系统分析

(1) CO_2 气体供给系统。CO_2 由 CO_2 气瓶(2)经减压后产生。CO_2 经加热器(4)和橡皮球(3)。

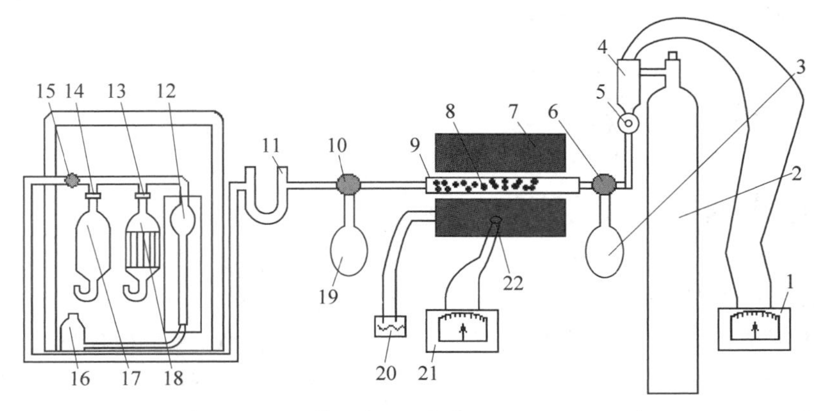

1、21—调压器；2—CO_2 气瓶；3、19—橡皮球；4—加热器；5—CO_2 压力表；6、10、15—三通活塞；7—高温燃烧定碳炉；8—木炭；9—瓷管；11—干燥管(内装 $CaCl_2$)；12—量气管；13、14—两通活塞；16—水准瓶；17—O_2 吸收器；18—CO_2 气体吸收器；20—温控表；22—热电偶。

图 15-1　碳气化反应装置示意图

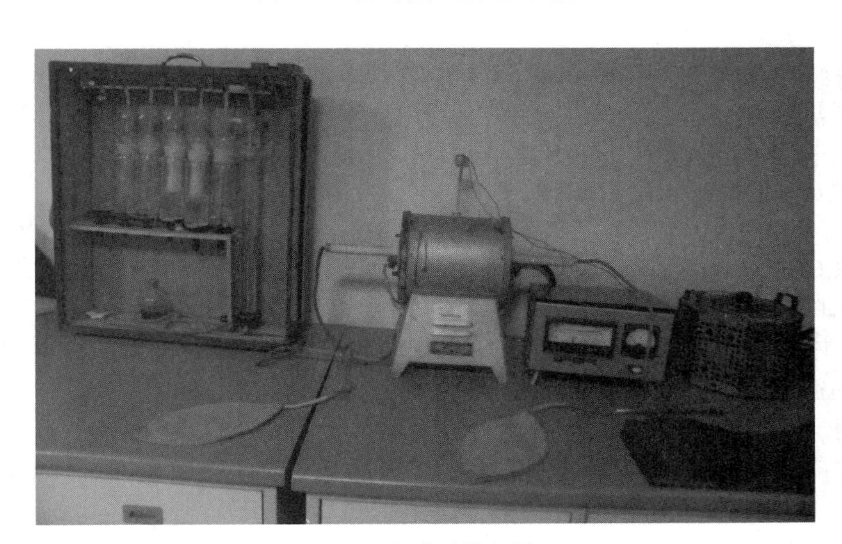

图 15-2　实验设备图

(2) 气体循环系统。该系统由瓷管(9)，橡皮球(3、19)构成。气体在瓷管内来回循环，不断掠过 C 表面而充分接触，使反应尽快达平衡。

(3) 气体分析系统。本实验采用奥氏气体分析器，其由 O_2 吸收器(17)、CO_2 气体吸收器(18)、量气管(12)和水准瓶(16)及两通活塞(13、14)构成。其中，O_2 吸收器(17)内装有焦性没食子酸溶液；CO_2 吸收器(18)内盛有 33%KOH 溶液；水准瓶(16)内装有甲基橙溶液。提高水准瓶(16)，量气管(12)的平衡气体被赶入 O_2 吸收器(17)或 CO_2 吸收器(18)，而其中的 O_2 或 CO_2 即被焦性没食子酸和 KOH 吸收。

4. 电源及控制系统

采用高温燃烧定碳炉(7)对瓷管(9)加热；并用热电偶(22)测控炉温；电炉经温控表

(20)、电源经调压器(21)再接于220V电源上。

五、操作步骤及注意事项

1. 操作步骤

(1) 按图15-2熟悉实验装置,熟悉所有三通活塞的用法。

(2) 将瓷管中部(恒温区)装上烘干好的木炭,仔细塞好胶塞,用石蜡密封。

(3) 检查系统是否漏气,依次检查气体供给系统是否漏气、两个橡皮球之间是否漏气、气体分析器部分是否漏气。在实验开始之前,首先使吸收液的液面到达吸收器(17、18)的上部位置,使封闭液到达量气管(12)上部的标线,此后通过调整三通活塞(15)使仪器与外界空气隔绝,并将水准瓶(16)放在仪器的底板上。这时,如果水准瓶和量气管内的液面由于所造成的减压而开始稍微下落,随后保持不变,就表示仪器不漏气。

(4) 通电加热,慢慢调节变压器,使温度逐渐升高,达到所需温度。

(5) 排出系统中气体。

(a) 接通CO_2加热器电源,预热5min。

(b) 打开CO_2气瓶出口,随即转动三通活塞(6、10),使橡皮球(3、19)与CO_2相通,三通活塞(15)与大气相通,当橡皮球中充入少量CO_2后,再转动(6)和(10),使球与大气相通,如此清洗橡皮球数次,赶走其中气体。

(c) 转动(6)和(10),使CO_2和瓷管与大气相通,通2min以赶走系统中气体。

(6) 取CO_2气体:转动三通活塞(6、10、15)与大气相通,6、10与瓷管相通,取定量CO_2气于19中,随后转动6使与3及系统相通,与CO_2来源不通。

(7) 气体循环:拉下加热器电源开关,关闭CO_2出口阀门,使气体在炉中与赤热的碳和橡皮球之间循环20~30min,直到反应达到平衡为止。

(8) 测定平衡气相组成。

(a) 准备:转动三通活塞(15),使量气筒(12)与大气相通,提升水准瓶(16)使量气管中液面上升到上方刻度,然后将(15)与大气隔绝;

(b) 赶走10与15之间的气体,转动10、15使与大气相通,从橡皮球中取出少量气体;

(c) 收集气体:转动15取100mL平衡气体于量气管(12)中,随即将15与大气隔绝,此时气体的体积为V_1;

(d) 进行气体分析:转动13、14,提升或降低水准瓶16,气体试样往返于12与18、17之间5次,最后一次,18中的液面升到瓶颈处,将13关闭,读出气体体积V_2;

(e) 重复实验3次,取平均值。

(9) 以调压变压器控制炉温在700℃、750℃、800℃、900℃,重复实验步骤(6)~步骤(8),以上述方法做实验。

(10) 断电、整理设备。

2. 注意事项

(1) 必须缓慢开气瓶阀门且不能全开通。各三通活塞(6、10、15)每次旋转方向要正确。

(2) 不能将 CO_2 气体吸收器的 KOH 液与量气管的甲基橙溶液相互吸入而混合，水准瓶里的溶液切不可进入瓷管，以免炸裂。

(3) 将碳先烘干，在实验中保证充分汽化，使反应达到平衡。

(4) 必须让 CO_2 被 KOH 完全吸收。

六、结果及分析

(1) 记录数据填入表 15-1 中。

表 15-1　实验记录表

室温：℃　　　　压力：Pa

次数	温度/℃	CO/%	CO_2/%	K^θ
1				
2				
3				
1				
2				
3				

(2) 根据“平衡组分的理论计算”中的公式，计算相应的实际常数并与理论下平衡常数对比。

七、思考题

(1) 分析造成气相平衡体积分数偏差可能的原因。

(2) 分析改变温度对体积分数的影响规律。

参考文献

[1] 董若璟. 铸造合金熔炼原理[M]. 北京：机械工业出版社，1991.

[2] 潘金生，仝健民，田民波. 材料科学基础[M]. 北京：清华大学出版社，2010.

实验十六

造型材料性能检测

一、目的和要求

（1）通过实验掌握原砂含泥量的测定方法。
（2）了解胶质价的作用及测定方法。
（3）通过实验掌握透气性的测定方法。
（4）通过实验掌握砂型湿压强度的测定方法。

二、实验背景概述

造型材料的范围很广，用来制造铸型及型芯的材料都可以称为造型材料，例如最常见的制造砂型的型砂、涂料等，制造金属模具的耐热钢材等，陶瓷和石墨等。在现代铸造中，相对而言，砂型铸造具有低成本、高效率等特点，应用最为广泛，约占全世界铸造的75%以上。因此在铸造领域，一般提到铸造材料，都是指砂型铸造所需的造型材料。砂型铸造就是指造型材料以原砂为主要原料的铸造工艺，根据黏结剂的类型，一般分为黏土型砂、无机黏结剂型砂和有机黏结剂型砂等。这其中应用最广的就是黏土型砂（约占50%以上），其又可以分为湿型砂、表干型砂和干型砂。黏土型砂的天然矿物黏土储备丰富、来源广泛、价格低廉，故有便于反复使用、生产周期短等特点。黏土湿型砂可用于200kg以下的小型铸件生产；对于车床底座等较大的铸件，一般用干型或表干型，但是现在采用自硬砂较多。虽然树脂砂等也被广泛应用，但是其气味难闻，也不利于环保。

型砂是按一定比例配成的造型材料，是制作砂型铸造用铸型的主要材料之一。要想获得良好的砂型铸件，型砂应具有良好的造型性能（包括流动性能、韧性和不粘模性）、足够的强度（包括湿强度、干强度、热湿强度和高温强度）、一定的透气性、较小的吸湿性和发气性、较高的耐火度和较好的化学稳定性。另外，型砂还应具有较好的退让性和溃散性，以保证铸件冷却收缩时，不会因阻碍收缩使铸件局部产生裂纹。由于型砂的质量直接影响铸件的质量,并且在铸件废品中约50%废品的产生与型砂质量有关,所以对型砂质量要进行控制。

型砂由原砂、黏结剂、水及附加物按一定比例混制而成。对于黏结剂而言,黏土又分为普通黏土和膨润土。湿型砂普遍采用黏结性较好的膨润土,而干型多采用普通黏土。那么,影响型砂性能的因素有哪些呢?主要有各种原材料的质量、型砂中各种原材料的配比及其配制的工艺和方法,这又与其使用的设备和型砂性能检测的设备与方法相关。这就要求已配好的型砂必须用型砂试验仪检验,小批量生产型砂的车间通过性能检验后才能使用。产量大的铸造车间多用手捏砂团的办法检验,主要由企业生产经验丰富的人员操作,学生不能操作。手捏砂团检验型砂的方法为将型砂混好后用手抓一把,捏成砂团。当手放开砂团后可见清晰手纹。把砂团折断,断面比较平整,同时有一定的强度,这样的型砂就可以使用了。在砂型铸造中,型砂用量很大。生产1t合格的铸件需4～5t型砂,其中新砂为0.5～1t。为了降低成本,在保证质量的前提下,应尽量回收利用旧砂。对于型砂含泥量的控制,含泥量主要指粒度小于22μm的微分含量,它也影响型砂的强度和透气性等,所以要经常对旧砂的含泥量进行检测,一般可控制在8%～10%。

为此,结合铸造型砂的主要特点,本实验主要对型砂的黏土胶质价、型砂的湿压强度和透气性等进行初步的实验。

三、实验原理

1. 型砂含泥量测定原理

由于泥砂颗粒的直径大小不同,在水中的沉降速度不同,利用这一特性将泥类和砂分开。固体颗粒在液体介质中的沉降速度可由下述公式算出:

$$V=\frac{d^2(\rho-\rho_1)g}{18\eta} \tag{16-1}$$

式中,V——沉降速度,单位为cm/s;

d——圆球状固体颗粒的直径,单位为cm;砂粒直径取22μm;

ρ——固体颗粒的密度,单位为g/cm³;砂粒密度取2.65g/cm³;

ρ_1——液体介质的密度,单位为g/cm³;水的密度可取1.00g/cm³;

g——重力加速度,取981cm/s²;

η——液体介质的黏度,单位为cp;水在20℃时的绝对黏度为1cp。

将上述数值代入式(16-1)中可得V=25mm/min。

因此,用冲洗法测定含泥量时,只要把沉降速度小于25mm/min的颗粒洗去,就可把砂和泥类分开而求出含泥量。

2. 黏土胶质价测定实验原理

胶质价为黏土在水中吸水膨胀以后体积的百分数。这个百分数表示黏土被润湿后离解成分散度很高的片状质点,其中小于1μ的质点被水润湿后形成胶体包围在砂粒周围,黏土的黏结能力与形成胶体质点的含量有关,因此可通过测定黏土内胶体质点的含量来间接作为黏结性能指标(胶体质点越多,膨胀体积越大,黏结能力越好)。

3. 测定普通黏土砂的透气性能实验原理

在100Pa的大气压力下,让空气通过阻流孔和标准试样,其阻流孔和标准试样对空气的通过起阻碍作用。因为阻流孔直径一定,所以透气性的大小只随通过标准试样的阻力变化而变化。

4. 测定普通黏土砂的湿压强度实验原理

将制备好的试样放入强度实验机的试样夹,转动手轮带动丝杠,推动活塞,将压力传递给固定在机器上的试样,试样承受压力,达到一定值后被破坏,压力表的指示即湿压强度。型砂强度测定通常是在型砂万能强度仪(图16-1)上进行。其工作原理是:转动手柄,利用丝杆,移动重锤,便可对试样逐渐施力,至试样破坏时,便可按杠杆力学原理和试样的截面积求出试样单位截面积所受的力,即得型砂强度。在本实验中,可根据数显读数仪直接读出数值并记录。

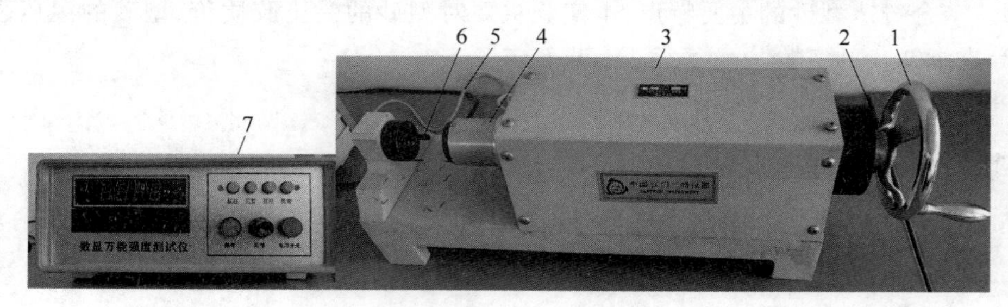

1—转动手柄;2—丝杠;3—外壳;4—重锤;5—传感器;6—夹具;7—数显读数仪。

图16-1 型砂万能强度仪

5. 测定表面强度实验原理

在实际生产中,常用型砂表面硬度来评定型砂的紧实程度。表面硬度随紧实度的增加而增加,并且该检验方法不会对砂型造成破损,测量方便。经常用砂型表面硬度计来检测砂型的表面硬度。目前,砂型硬度计有A、B、C 3种型号。实验所用的为B型硬度计,其单位是g/mm^2。3种型号的砂型表面硬度计主要适用于以下测试。

A型:适用于手工或机械低中压造型的细砂型(芯)的表面硬度测试。

B型:适用于手工或机械低中压造型的细砂型(芯)和粗砂型(芯)的表面硬度测试。

C型:适用于高压造型的砂型表面硬度测试。

四、实验内容、材料、设备和主要方法

1. 实验内容

(1) 用冲洗法测定原砂(石英砂)的含泥量。

(2) 测定黏土、膨润土的胶质价。

(3) 测定普通黏土砂的透气性能。

(4) 测定普通黏土砂的湿压强度。

2. 实验材料

滤纸、原砂(石英砂)、蒸馏水、NaOH、普通黏土、膨润土、MgO、蒸馏水、黏土砂、舂样机。

3. 实验设备

洗砂机、洗砂杯、量杯(500mL、25mL)、红外线烘干器、天平(1/100g)、虹吸管、带塞量筒、舂样机、透气性实验仪、液压万能强度实验机、B型表面硬度计。

4. 实验方法

型砂湿度就是型砂中的含水量,其测定方法有标准法(烘干法)和快速法两种。

1) 烘干法

用精度至少为0.01g的电子天平称取(50±0.01)g样品,然后均匀地铺在样品盘上,再连样品盘一起放在(107±2.5)℃的烘箱中恒温干燥,直到连续两次称量的质量误差不超过20mg为止。注意,先烘干30min,然后每隔15min称重一次。根据最后一次称重,即可算出含水量。然后依据最后称重的结果,计算含水量。

$$含水量(\%)=(M_0-M_1)/M_0\times100\% \tag{16-2}$$

式中,M_0为样品烘干前质量(g),M_1为样品烘干后质量(g)。

2) 快速法

该方法主要用于铸造车间,以满足快速生产的需求。其主要是通过快速加热法来烘干水分,从而完成型砂湿度的测定。大致过程如下:用天平称取一定量的型砂,要求大于20g,误差为±0.1g,然后均匀地撒在装砂盘上,并将该砂盘放入快速干燥装置中,再开启电源,型砂在快速加热下被迅速烘干,直至恒重,需要3~7min,冷却后重新称重,便可按式(16-2)计算含水量。

五、操作步骤及注意事项

1. 操作步骤

1) 用冲洗法测定原砂(石英砂)的含泥量

总体要求:50g原砂+475mL水+25mL(NaOH)——加水至500mL。

(1) 称取预先烘干的原砂(50±0.01)g。

(2) 将原砂试料放入容量为500mL、直径为65mm的洗砂杯中,加入475mL蒸馏水和25mL百分比浓度/质量浓度为1%的NaOH溶液。

(3) 将盛有试料和水的洗砂杯在洗砂机搅拌15min,使泥类完全和砂粒分离和分散开。

(4) 将洗砂杯从洗砂机上取下,加水至距杯底150mm处,用玻璃棒搅拌后静置10min,

用虹吸管将杯中上面125mm的泥水吸出，如图16-2所示。

(5) 再加水至150mm高度处，用玻璃棒搅拌后静置1min，再用虹吸管将杯中上面125mm的泥水吸出。

(6) 将步骤(4)重复几次，但每次静置5min，其余操作同前，直到杯中的水透明为止。

(7) 将洗干净的砂粒用滤纸滤出，在红外线烘干器中用105～200℃完全烘干，冷却后称出砂粒质量，含泥量可用下式求出：

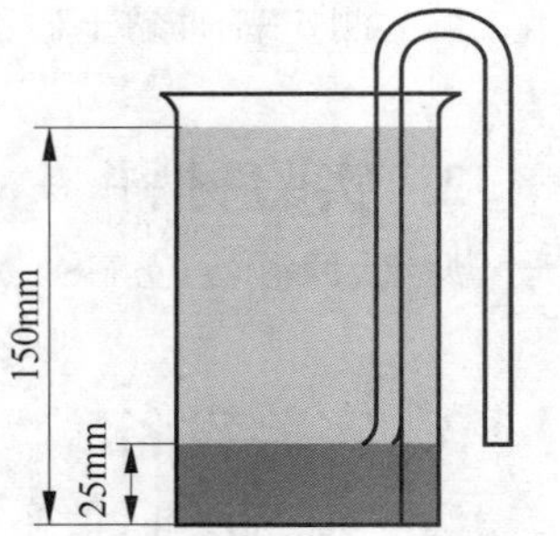

$$含泥量(\%)=\frac{Q-Q_1}{Q}\times 100\% \tag{16-3}$$

图16-2 洗砂示意图

式中，Q是试样洗涤前的质量(g)，Q_1是试样洗涤后的质量(g)。

(8) 实验时应同时做两个试样，试验结果取平均值，每个试样与平均值的误差应小于10%，否则实验重做。

2）测定黏土、膨润土的胶质价

15g黏土+95mL蒸馏水+1g(MgO)——加水至100mL。

(1) 在容量为100mL、直径为25mm的两个量筒中，一个加入普通黏土试料15g，另一个加入膨润土试料15g(准确度为0.1g)。

(2) 在两个量筒中，各加95mL蒸馏水，用手摇动到试料完全散开。

(3) 再各加0.1gMgO(加入MgO能促使黏土中的胶体物质凝聚)。分别加水到100mL之后，摇动1min，静置24h后，胶冻状沉淀部分的体积百分比即胶质价。

3）测定普通黏土砂的透气性

步骤1：标准试样的制备。

(1) 称取一定量(约170g)的黏土砂，倒入带底垫的标准圆柱形试样筒中制作标准试样。

(2) 将装有黏土砂的试样筒置于舂样机上冲制试样。

(3) 转动偏心轮手柄3次，使落锤冲试样3次，此时检查芯棒的顶端是否在试样高度的公差之内，若在公差线之内，试样便制成；若试样高度超出公差，该试样作废。在调整试料的质量后再按上述步骤操作，直到获得合格的试样(直径为(50±2)mm，高度为(50±1)mm)。

(4) 右手搬动手柄使冲头提起，左手取出砂样筒，砂样筒内的砂样用于透气性实验，测完透气性后，用顶棒将试样顶出即可用来进行强度实验。

步骤2：测定透气性。

(1) 调节调平脚使机体水平。

(2) 加蒸馏水于水筒中，使气钟放入水筒时，气钟上的“0”刻线刚好与水筒上端平齐。如水过多，可拧开仪器背面水龙头放水调节。

(3) 旋转旋钮，使刻线对准“吸放气”位置，同时将气钟缓慢上提至“0”线，然后将旋钮顺时针旋转至“关闭”位置。

(4) 拉动通气孔板，此时橡胶密封圈将0.5mm小孔堵死，1.5mm大孔接入气路。将已制备好的试样连同试样筒一起套在试样座上，并使两者密合，将旋钮顺时针旋转至“工作”位置。这样即可从微压表上直接读出透气数值。

(5) 如果透气性小于 50,则将 1.5mm 大孔堵死,将 0.5mm 小孔接入气路重复(4)。

4) 测定湿压强度

将制备好的试样放在夹具上,转动手轮,使压力逐渐作用于试样上,直至试样破裂。破裂时压力表指针停留位置所指刻度值即测试的抗压值。试验时同时做 3 个试样,试验结果取平均值,每个试样与平均值的误差应小于 10%,否则试验重做。

5) 测定表面强度

(1) 调整"0"位。当指针未在"0"位时,转动调整圈,使指针对准"0"位。

(2) 使用时将砂型表面硬度计紧压在所测试的砂型平面(硬度计的轴线要垂直于砂型的表面),使砂型表面硬度计表头的平面与所测的砂型平面紧密接触,其指针也停在某一值时,按下锁紧销予以锁紧,读出测定值,然后松开锁紧销使指针回复"0"位。

(3) 测定时在每一测定处测试 3~5 次,然后计算其平均数,即该部位的硬度。可以在同一砂型或试样的不同位置测试;或者 3 个试样进行测试计算所得结果的算术平均值为该试样/砂型的表面硬度。

2. 注意事项

(1) 检查压力计玻璃管的水柱面是否在"0"点位置,如不在,就应调整压力计内的水量或移动标尺。

(2) 仪器的全部系统不应有漏气现象,即用封闭试样筒检查时,不应降下钟罩。如有漏气现象,应找出原因,并加以解决。

(3) 用封闭试样筒检查时,压力计水柱高度应为 10cm,不合要求时应调整配重。

(4) 检查通气塞孔径是否符合要求。检查方法是:ϕ1.5cm 大孔径通气塞在 10cm 水柱压力下,通过 2000cm^3 空气所需时间为(0.5±0.5)s,而 ϕ0.5mm 小孔径通气塞则为(4.5±1.5)s,否则应清洗或修补通气塞孔径。

六、实验数据及分析

由于该实验所测试的项目较多,学生应当记录每个项目的数据。尤其是需要测量的 3 组数据是否满足误差要求;如果不满足,需要重新测量,最后取平均值。

七、思考题

(1) 黏土、膨润土的胶质价说明了什么?胶质价与黏土和膨润土的性能有什么关系?

(2) 含泥量对型砂性能有何影响?

(3) 影响型砂透气性和表面强度的主要因素有哪些?

参考文献

石德全,高桂丽.造型材料[M].2 版.北京:北京大学出版社,2016.

实验十七

镁合金板材制备及其力学性能测试

一、目的和要求

（1）了解重力铸造镁合金的方法及注意事项。

（2）掌握通过轧制方式制备镁合金板材的关键参数及影响因素。

（3）了解轧制对铸态镁合金性能改善的影响因素。

二、实验背景概述

1. 镁合金

镁合金与钢铁、铝合金相比具有低密度、高比强度、高比刚度的特点，其作为最轻的金属结构材料，同时也被称为“绿色合金”，逐步引起了广大科研工作者的注意。镁合金的比模量大，散热性能好，有可降解等功能，被广泛应用于手机、便携式计算机、无人机、汽车和生物功能材料等领域。实际应用的镁合金主要以铸造和变形（挤压、轧制等）镁合金为主。随着工业的迅速发展，对高强度、高塑性镁合金板材的需求日益增加。然而，重力铸造成型的镁合金，由于铸件快速冷却及元素偏析等原因，铸件组织存在不均匀尤其是夹渣或气孔等对合金的性能十分不利。对于板材来讲，铝合金和钢铁已经相当成熟。随着近年的不断研发，镁合金板材性能有了明显的进展，也产生了多种实践工艺和模拟优化成果，为促进镁合金板材的应用提供了一定的技术支持。变形镁合金相比于铸造镁合金，虽然其成本有一定程度的增加，但其组织更加均匀、强度更高、延展性更好，更能满足工业的发展需求，如商用的 Mg-3Al-1Zn(AZ31)、Mg-6Al-1Zn(AZ61)和 Mg-6Zn-0.6Zr(ZK60)镁合金等。随着合金体系的发展，新型镁合金也逐渐被开发出来。如 Mg-Al-Sn-Zn 镁合金，也可以认为其是在 Mg-Al-Zn 系列基础上添加适量的合金化元素 Sn 发展而来的。主要是基于 Sn 的固溶强化、生成的 Mg_2Sn 的高熔点所带来的高温稳定性及合金化元素 Al、Zn 和 Sn 之间没有金属间化合物的生成。

近年来，高 Al（质量分数大于 8%）且低 Sn 含量的 Mg-Al-Sn-Zn 系合金吸引了广泛关注。Al、Sn 的共同作用可以降低非基面滑移的层错能，从而提高合金的塑性变形能力；同时 Mg_2Sn 相可以有效抑制再结晶晶粒长大，从而获得细晶结构。因此，Mg-Al-Sn 系合金具有优异的室温力学性能。此外，该体系合金中同时存在高体积分数的低熔点的相（$Mg_{17}Al_{12}$）和热稳定性好的细小颗粒（Mg_2Sn），拥有较好的超塑性开发潜力。针对难变形的高 Al 含量镁合金，在 300～350℃的轧制温度区间上设计了 13 道次的控制轧制新工艺，成功制备了超塑性 AZ91 镁板，并应用于企业生产。营口银河铝镁合金公司以东北大学为技术支持，采用轧制工艺生产出了最大宽幅可达 1600mm，厚度范围 8～100mm 的 AZ 系中厚板。

2. 轧制

轧制是目前应用最普遍的镁合金板材制备方法，轧制工艺的发展直接影响镁合金板材的应用。通过控制轧制参数制备高性能的板材具有重大意义。现今，镁合金轧制存在的主要问题在于其成型性差、轧制开裂严重，尤其是对于高合金含量的难变形合金及第二相偏析严重的铸轧合金，尚缺乏成熟的轧制工艺。同时，对轧制过程中的组织演变研究还较少，轧制参数对组织的影响规律还缺乏理论性。

3. 超塑性

经典的广义超塑性定义为材料在一定的内部条件（如晶粒、第二相等）和外部条件下（如温度、应变速率等），呈现出异常低的流变抗力，同时伴随着异常高的流变性能的现象。对材料超塑性的评判一般以其拉伸变形的表现为标准，在没有明显颈缩现象的基础上获得非常高的延伸率，即可定义为出现超塑性。采用超塑性变形的方式来制备复杂形状的金属零部件时，如无模成型时，通常仅需 100%～300%的延伸率就可以满足成型的需求。目前，该技术被应用于汽车、航空和生物等领域。除了均匀稳定的粗晶材料，一般认为，含有细晶的组织是获得稳定的超塑性的前提。基于此，多种制备方法相继诞生，以实现镁合金的超塑性。但是，目前对于镁合金的超塑性制备还没有通用的、统一的方法。现阶段基于细晶的大塑性变形的方式来制备超塑性变形镁合金的主要方法除了常规轧制，还有等通道转角挤压、异步轧制、累积叠轧和高压扭转。

1）等通道转角挤压

美国学者于 20 世纪 70 年代在研究特种钢的变形行为时，提出了等通道转角挤压工艺的概念，发现该工艺有细化晶粒的效果。该工艺的主体结构由两个相同尺寸的高强度钢材通道构成。变形过程是：待变形坯料经由模具的上端通道口放入，在载荷作用下，经过两通道的连接处时受到最大的剪切力，进而发生大变形，最后从模具的另一端通道口被挤压出来。获得的变形产品具有超细晶的组织及良好的力学性能。但是这种工艺由于模具结构形状及其尺寸，就决定了其很难实现大尺寸或壳类零部件的加工。同时其对技术要求较高，相应成本增加，实现工业化应用有一定的难度。

2）异步轧制

异步轧制，一种相对于常规同步轧制而言的轧制技术，也叫作差速轧制或搓轧，即在两个具有不同线速度的轧辊线速度相同的情况下进行上轧制，它又可分为不同的类型。在20世纪80年代，我国也已经开始相关技术研究与应用。异步轧制的原理是：轧辊的不等线速度改变了变形区内的压应力状态，这就显著强化了剪切变形，形成了“搓轧区”，获得了细晶组织，改善了力学性能。同时其在使用过程中容易引起轧辊震颤，对设备要求较高。

3）高压扭转

高压扭转与等径角挤压变形类似，都属于剧烈塑性变形方法，都是以调控组织性能控制为目的的塑性加工方法，用于材料的加工制备，旨在获得细晶或超细晶。高压扭转的原理是在变形体高度方向施加压力的同时，通过主动摩擦作用在其横截面上施加一扭矩，促使变形体产生轴向压缩和切向剪切变形的特殊塑性变形工艺。研究表明，金属经过高压扭转后其力学性能得到了很大的改善。

三、实验原理

将铸态镁合金经线切割制成薄片状，再使其在一定温度下、多道次通过一对旋转轧辊的不同间隙（压下量），铸态薄板因受力而变形，获得细晶组织，实现板材超塑性。

四、实验内容、材料、设备和主要方法

1. 实验内容

（1）熔炼制备镁合金。
（2）镁合金热处理。
（3）轧制镁合金。
（4）组织、物相和力学性能分析。

2. 实验材料

商用纯镁（99.90wt.%）、纯铝（99.95wt.%）、纯锌（99.90wt.%）、纯锡（99.90wt.%）、Al-5Be(wt.%)、CO_2 气体、SF_6 气体、高纯 Ar 气、硫粉、研磨膏、砂纸、苦味酸溶液、硝酸酒精溶液、无水乙醇、钼丝、冷却液。

3. 实验设备

电阻炉（图 17-1(a)）、温度控制仪、气体流量调节器、模具（图 17-1(b)）、打渣勺、烘箱、高温管式炉、双辊轧机、预磨机、抛光机、吹风机、电解抛光仪、X 射线衍射仪、Carl Zeiss-Axio Imager A2m 的光学显微镜和拉伸试验机。

4. 实验方法

1）光学组织

对铸态和轧制合金，采用线切割机床在合金上截取 10mm×10mm 的待观测试样（对于

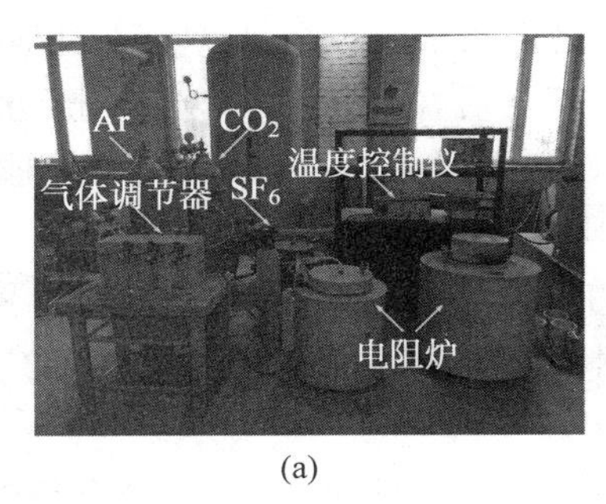

(a)

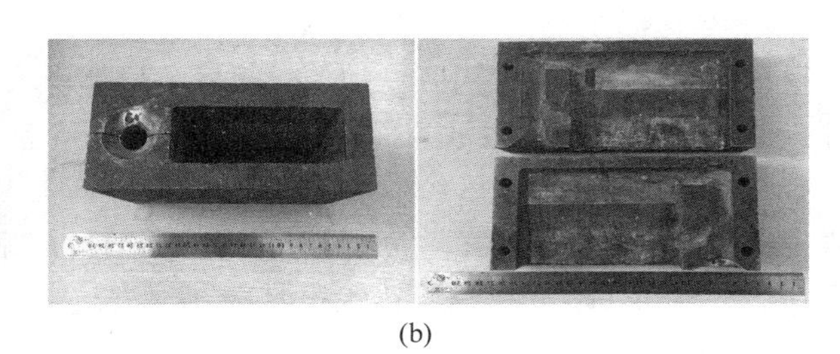

(b)

图 17-1　实验用熔炼装置和浇注模具

(a) 电阻炉；(b) 浇注模具

轧制试样，采用 RD 方向)；将其依次在 1000＃、2000＃和 5000＃的水磨砂纸上预磨，然后在抛光机上用 0.5μm 粒度的金刚石抛光膏及乙醇溶液抛光至表面光亮、无明显划痕；再进行化学腐蚀。铸态合金采用 4%硝酸乙醇溶液，腐蚀约 12s；对于轧制合金则采用苦味酸溶液(20mL 无水乙醇、2.5mL 冰醋酸、1mL 蒸馏水和过量的苦味酸)。腐蚀后，立即进行超声清洗、吹干，待观察。

2）物相分析

采用 X 射线衍射仪分别对铸态和轧制态合金进行物相检测并分析。物相定性分析采用的设备是 DX-2700B X 射线衍射仪。采用 Cu 靶 Kα 射线，设置的工作参数为电压 40kV、电流 30mA，测试角度 2θ 为 20°～80°。

3）拉伸测试

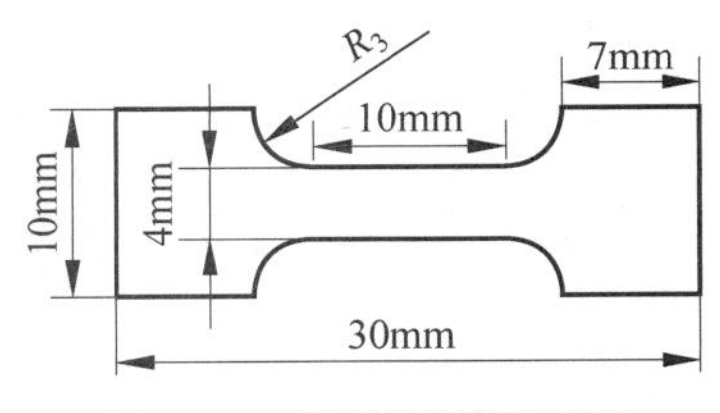

图 17-2　拉伸试样尺寸图

利用 INSTRON 1121 拉伸试验机，对铸态和轧制合金进行室温下的拉伸性能测试。拉伸试样按照 GB/T 228.1—2021 金属材料拉伸试验第 1 部分：室温试验方法国家标准制备试样，如图 17-2 所示，应变速率均为 $1\times10^{-3}s^{-1}$。测试前，使用游标卡尺测量试样标距及其所在位置的宽度与厚度，并做好编号，每组至少 3 个试样，如出现偏差较大的情形，需补充试样。

五、操作步骤及注意事项

1. 操作步骤

(1) 合金配料：按照 Mg-8Al-2Sn-1Zn(ATZ821)进行配料设计，Al-5Be 按照 1/10000 添加，合金总量按照 1000g 计算；根据上述计算结果准备材料，合金化元素可以考虑 3%烧损。

(2) 合金熔炼：先将打磨后的纯 Mg 及 Al-5Be 合金料放入低碳钢坩埚内，再将坩埚放入坩埚电阻炉中，随后通入 CO_2 和 SF_6(体积比为 100∶1)的混合气体提供保护氛围，将电阻炉升温到 680℃后保温，直至镁锭完全熔化；这期间，在 450℃、550℃下保温 20min，保证受热均匀，避免燃烧。同时，将其余合金料和工具及进行烘干并将模具预热到 200℃。

(3) 合金熔化：待纯 Mg 完全熔化后，向坩埚中加入已经烘干的合金料(纯 Al、纯 Sn 和纯 Zn)，继续保温至完全熔化(约 10min)；待合金料完全熔化后，利用专用搅拌桨进行机械搅拌以保证合金料在熔体中分布均匀，随后向熔体中缓慢通入高纯 Ar 气，以利于金属液内的部分熔渣等上浮到合金液表面，再用打渣勺除去熔渣，随后继续保温 10min。

(4) 浇注成型：取出已经预热的模具，放置于较平的位置并固定，以防止金属液在浇注过程中溢出；熔体静止 10min 后，关闭电阻炉电源，用坩埚钳取出坩埚，将合金液体浇注到已经预热的 Y 形(图 17-1(b))铸铁模具中，获得合金铸锭。

(5) 样品制备：金相样品和 XRD 样品制备详见实验方法。利用线切割在合金铸锭底部附近水平方向截取厚度为 6mm，长度为 40～60mm 的板材，作为待轧制板材。

(6) 轧前处理：首先将待轧制的合金材料表面进行打磨、清理，然后进行均质热处理，针对本材料的热处理工艺为在 300℃下保温 1h，然后升温至 400℃后保温 3h，空冷至室温，目的是消除应力和促进组织均匀。

(7) 轧制样品：将均质处理后的样品在轧机附带的烘箱中保温 10min，然后开始第一道次轧制。当完成每一道次轧制后，记录下轧后板材的厚度并将板材再次放入加热箱中进行道次间退火，时间约为 10min。如此反复，完成合金的多道次轧制，最终获得 ATZ821 镁合金薄板。最终板材厚度控制在 1.5mm 左右即可，总压下量控制在板材初始厚度的 75%。

(8) 退火处理：由于轧制后的板材残余的应力较大，为此进行退火处理，减少残余应力，其工艺为：放入热处理炉中进行 250℃保温 1h 的退火处理，以获得均匀的组织。

(9) 组织观察：详见实验方法中的“光学组织”。

(10) 物相分析：详见实验方法中的“物相分析”。

(11) 力学性能：详见实验方法中的“拉伸测试”。

(12) 实验报告：实验原理、目的、内容、主要步骤和实验结果的讨论分析。

2. 注意事项

(1) 实验前，务必穿戴好防护手套、防护鞋和护目镜等。

(2) 所有材料、工具和模具必须烘干或预热，才能使用。

(3) 提取坩埚时，集中注意力；浇注时，保证快速平稳浇注。

六、实验结果及分析

(1) 记录合金热处理的温度和时间。

(2) 记录每次轧制后的样品厚度，进行压下量计算。

(3) 记录力学性能数据，见表 17-1，然后取平均值，比较轧制合金与铸态合金的性能。

表 17-1 合金在不同状态的力学性能

合金	状态	抗拉强度/MPa	屈服强度/MPa	断裂延伸率/%
1				
2				
3				

续表

合金	状态	抗拉强度/MPa	屈服强度/MPa	断裂延伸率/%
4				
5				
6				

（4）画出力学性能曲线（每一种状态合金取一个试样）。

七、思考题

（1）初步分析影响轧制合金的延展性的因素。

（2）分析合金是否具有超塑性及可能的原因。

（3）铸态合金经过轧制成型后性能明显改善，简述主要原因。

参考文献

[1] 荣建. 高合金含量 Mg-Al-Zn 系镁合金成分设计与强韧化机制[D]. 长春：吉林大学，2018.

[2] 于照鹏. 轧制超塑性 Mg-9Al-1Zn-0.4Sn 镁合金组织演化与变形机制[D]. 长春：吉林大学，2017.

[3] 张恩波. 镁-铝-锌系镁合金的细晶轧制工艺及高温超塑性变形行为[D]. 长春：吉林大学，2015.

[4] 陈振华. 耐热镁合金[M]. 北京：化学工业出版社，2007.

[5] 薛克敏，张君，李萍，等. 高压扭转法的研究现状及展望[J]. 合肥工业大学学报（自然科学版），2008(10)：1613-1616，1621.

实验十八

镁合金时效硬度测试

一、目的和要求

（1）掌握镁合金固溶处理及时效操作方法。

（2）了解时效工艺参数，如温度和时间对镁合金时效强化的影响规律。

（3）强化对沉淀强化及其机制的理解。

（4）学会显微硬度计的使用及其测量要求。

二、实验背景概述

1. 时效镁合金

镁合金是最轻的金属结构材料，相比于铝合金和钢铁，其具有明显的轻量化优势，在交通领域和电子产品等方面有着广阔的应用前景。对于含有第二相，且第二相经过一定的热处理之后能回溶到合金基体的镁合金，可以利用时效强化的方式来进一步提高镁合金的力学性能。许多铸造镁合金和锻造合金通过时效强化来提高机械性能，包括：①在 α-Mg 单相区域内，在相对较高的温度下进行固溶处理；②水淬以获得过饱和固体合金元素在 Mg 中的溶液；③在相对较低的温度下时效，以实现过饱和固溶体受控分解成 Mg 基体和均匀分布的沉淀物。过饱和固溶体的分解通常涉及一系列亚稳态或平衡沉淀相的形成，这些相对位错剪切具有不同的抵抗力。因此要达到最大的析出强化效果，析出相的控制就很重要。并非所有的镁合金采用时效处理都是合适的，例如对于 Mg-Sn 二元合金所形成的金属间化合物 Mg_2Sn，在 500℃左右保温一定的时间，Mg_2Sn 可以逐步回溶到镁合金基体，但是当进行热处理时，由于 Sn 元素在 α-Mg 的扩散速率相对较慢，Mg_2Sn 析出就比较慢，达到硬度峰值或时效峰值的时间长达数百小时，这就不适合工业应用。所以镁合金的时效要根据待时效处理的合金的成分及原始组织开展合适的时效工艺处理，才可能获得最佳的力学性能。

在 AZ91 合金中，不同合金元素的加入使到达时效峰值的时间及时效峰值硬度也不同，如图 18-1 所示。从图 18-1 中可以看出，含有 0.1at.% Pb 的合金具有最高的时效硬度。时效处理经常用于提高耐热镁合金的强度，但最近在变形（挤压和轧制等）镁合金中，也经常用来作为变形过程中预变形的一部分，例如可以将挤压样件先进行一定的预时效处理，生成一些细小的析出相，再进行轧制处理等，以起到强化合金的作用。但是对于目前常用的压铸镁合金而言，由于压铸件内部可能存在气孔等缺陷，不适合进行固溶处理和时效处理；对于真空压铸的镁合金铸件，由于孔隙率缺陷明显减少，可以通过时效处理来提高合金强化效果。

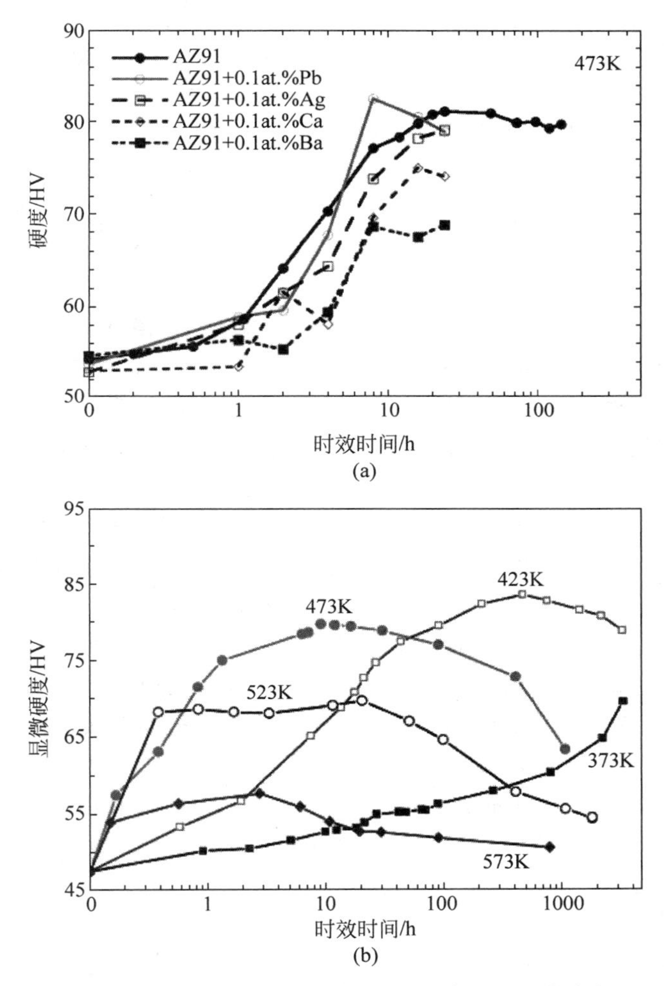

图 18-1　加入不同合金元素的 AZ91 合金的时效响应

（a）微合金化的 AZ91 在 200℃下的时效响应；（b）QE22 镁合金在 100～300℃下的时效响应

2. 时效处理

时效处理按照样品是否需要人为加热进行，可以分为自然时效（T5）和人工时效（T6，固溶处理＋时效）。所谓自然时效，就是将淬火后的样件直接放在室温下保存一段时间，不需要额外的加热处理过程。尽管这种自然时效也可以改善强度与硬度，但是在多数情况下，这种处理的效果较弱。人工时效,就是将淬火后的样件,人为地使其在一定的温度下加热并保温一段时间,使淬火得到的过饱和固溶体发生分解,从而大大提高合金的强度与硬度。对于淬火后的镁合金而言,随着在室温下放置时间的增加,其强度和硬度更有提高。但是提高的幅度相对较小,不能达到工业化应用的要求。为此要想达到理想合金的拉伸性能和硬度等性能指标,还要考虑将淬火后的镁合金样件进行人工时效处理。

镁合金进行人工时效处理之前要进行固溶处理,主要是为了获得过饱和的固溶体,才能在后续的相对低温的时效过程中有析出相产生,实现强化的目的。这意味着固溶处理的结果也将影响随后的时效的强化效果。固溶处理的效果主要依赖于处理的温度、保温时间和冷却方式。对于铸态镁合金,可以根据合金第二相的熔点来判断,也可以结合热分析进行设计。一般是低于其合金的熔点,在低于第二相熔点附近进行固溶处理。如果是含有多个不同熔点的物相,则有可能选择梯度固溶处理。在 Mg-Al-Sn 合金中,第二相有 $Mg_{17}Al_{12}$ 和 Mg_2Sn 相,前者熔点为 437℃而后者为 560℃。为了获得较好的固溶效果,可选择在 420℃下保温 18～20h,然后升温到 480℃,保温 2～4h,接着进行温水淬火处理。这里的 420℃依据是 $Mg_{17}Al_{12}$ 的熔点,而 480℃则是考虑到 Mg_2Sn 的熔点。如果温度过高,可能产生第二相局部融化(过烧)现象,导致固溶处理失败。

对于固溶处理后的镁合金,其过饱和固溶体的分解也就是时效析出过程。对于钢铁的过饱和固溶体分解是为了获得马氏体,对于铝/镁合金则是为了获得细小且弥散分布的第二相并通过弥散强化来改善合金的性能。一般情况下,镁合金在低温时效时会经历几个阶段:首先,溶质原子在过饱和固溶体的某一特定晶面富集,形成富集(Guinier-Preston,GP)区,然后可能会长大形成一种或多种亚稳相作为中间过渡的状态,最后达到稳点的状态,即稳定的析出相。脱溶(时效的实质)就是从过饱和固溶体中析出第二相(沉淀相)或形成溶质原子聚集区及亚稳定过渡相的过程,属于扩散型相变,依赖于合金元素在基体合金中的扩散速度。当然,无论是亚稳相还是稳定的析出相都可能在合金的不同位置析出,并与合金母相形成不同的位向关系,进而产生不同的强化效果。时效强化的效果因合金成分的不同而不同,且与固溶处理后的过饱和度、固溶体性质、分解特性和强化相性质等有关;对于同种成分的合金,其时效效果的主要影响因素则有时效前的塑性变形、时效温度和时间、淬火加热温度和冷却速度及方式等。影响时效强化效果的因素主要有:从淬火到时效之间的停留时间;合金化学成分;合金的固溶处理工艺;时效前预变形和时效温度及其保温时间。对于同种成分、同种状态的镁合金,时效主要受到时效温度、时效时间和固溶处理效果的影响。

3. 影响时效过程的因素

1) 时效温度

对于同一合金(同成分、同状态)在相同时效时间下,随着时效温度的升高,时效硬化数值一般是先增加再下降。但是过高的时效温度会导致合金的硬度下降。对于不同成分,甚至同一成分不同状态(铸造、变形)的合金,其最佳的热处理温度也可能不同。一般情况下,时效处理的温度升高可能会缩短合金到达时效峰值的时间。

2) 时效时间

同种合金在时效温度恒定的条件下,其时效硬化数值随着时效处理时间的增加,先升高，然后缓慢下降。即合金硬度达到峰值之后，会呈下降的趋势，这与合金组织的变化有关。

3）固溶处理

如果合金在固溶处理过程中温度较高，保温结束后又以较快的速度冷却，就会形成超饱和固溶体。这样，在 T6 处理时，合金在时效过程中固溶体的分解速度会越快，时效硬化效果会越好。但是过高的温度也会带来一定的晶粒粗化，根据霍尔-佩奇公式及 Mg 的常数 K，其相应的强度也会下降。因此选择合适的固溶处理工艺参数对时效处理同样是至关重要的。

4. 显微硬度计

1）硬度计构成

硬度计（图 18-2）由机身（1）、压头（14）、光学测量机构（11、12、13、15）、转动头机构（5）、工作台升降机构（4）、电器部件（4）等组成。机身（1）是硬度计的外壳，其他零部件直接或间接地安装在机身上。除试台（3）、升降手柄（18）等露出，其他机构均装置在机身壳体内。试验力由电机（6）带动皮带轮（8）、皮带（7）、丝杠（9）等零件，使大杠杆的尾部升降，从而使大杠杆之下的传感器产生或消除试验力。压头（14）一端承载试验力，另一端的尖端压入待测物件表面。通过触摸操作面板（17）上的试验力标尺两侧的“《”或“》”获得不同的试验力。压痕数值由光学测量机构（11、12、13、15）测量。工作台升降机构用来承载硬度块或待测的零件，包括试台（3）和升降手柄（18）等零件。

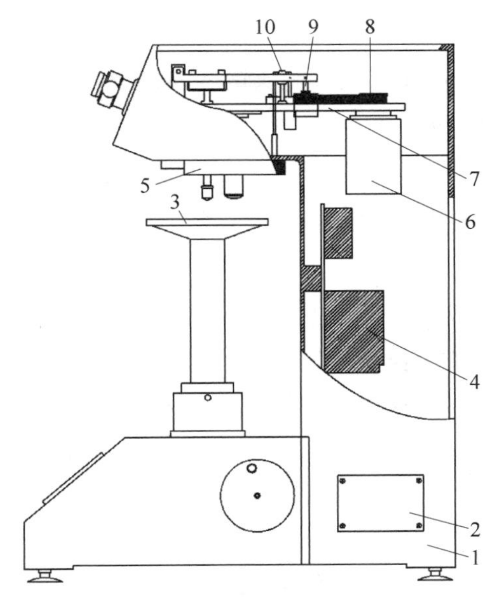

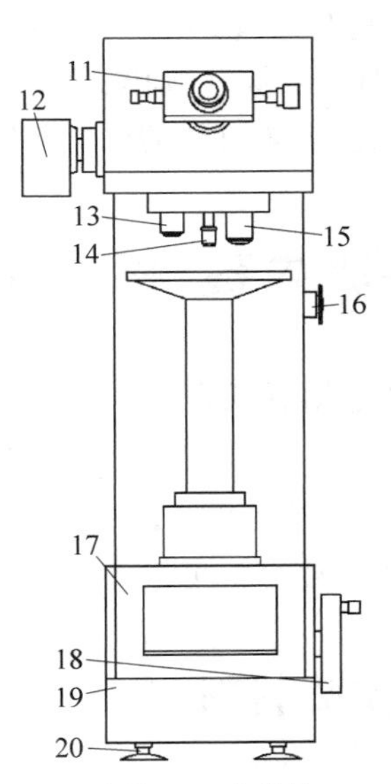

1—机身；2—电源开关；3—试台；4—电气部件；5—转动头；6—电机；7—皮带；8—皮带轮；9—丝杠；10—大杠杆；11—测微计；12—照明灯座；13—10×镜头；14—压头；15—40×物镜；16—急停开关；17—操作面板；18—升降手柄；19—机壳；20—地脚螺栓。

图 18-2　硬度计

2）硬度计原理

将顶部的两相对面具有规定角度的正四棱锥体金刚石压头，用试验力压入式样表面，保持规定时间后，卸除试验力，测量试样表面压痕的对角线长度（图 18-3）。维氏硬度是试验力除以压痕表面积所得的商，压痕被视为具有正方形基面并与压头角度相同的理想形状。显微硬度的符号为 HV。可以设置不同的压力和保载时间，如选择压力为 1kg 力（9.807N），可以记为 HV1。其数值计算方法为 $HV=0.1891(F/d^2)$，其中，F 为试验力（N），d 为两压痕对角线 d_1 和 d_2 的算数平均值（mm）。测量对角线时，应尽量满足图 18-4 中沿水平和垂直方向测量长度的要求。

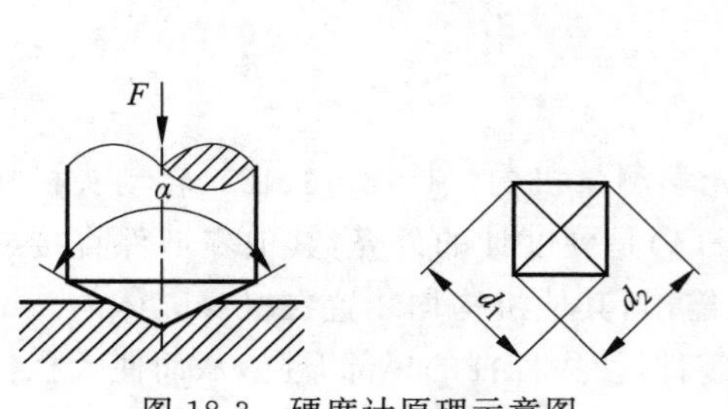

图 18-3 硬度计原理示意图

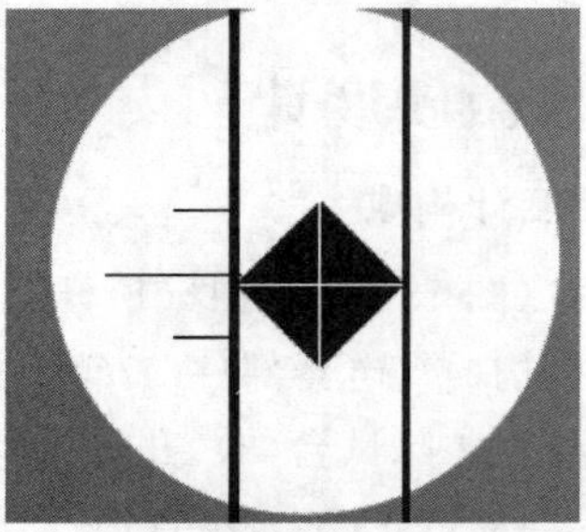

图 18-4 测量对角线长度示意图

三、实验原理

固溶处理：主要是为了得到过饱和固溶体，为时效处理做好组织上的准备，该过程主要受到加热温度、加热保温时间和冷却速度的影响。

时效处理：从过饱和 α 固溶体中析出（沉淀）第二相，形成饱和 α 固溶体＋析出相。对于同种合金，影响时效的因素有时效温度与时间。

四、实验内容、材料、设备和主要方法

1. 实验内容

从 AZ81、Mg-8Al-5Sn-1Zn 和 Mg-5Sn-1Zn 合金中任选一种，研究其在恒定温度下（175℃、200℃和 225℃，任选其中一温度）20～200h 的时效响应及硬度值随温度或时间变化的趋势，并简要分析可能的原因。

2. 实验材料

纯镁（99.8wt.％）、纯 Al/Zn/Sn（99.9wt.％）、CO_2、SF_6、高纯 Ar、砂纸、硫粉。

3. 实验设备

天平、坩埚电阻炉、打渣勺、搅拌桨、铸铁模具、高纯石墨坩埚、手锯、预磨机、抛光机、显微硬度计、加热烘箱、盐浴炉、相应的防护用品。

五、操作步骤及注意事项

1. 操作步骤

（1）分组要求：每班选择一种合金，分组后每组选择一个时效温度；尽量保证用同一种合金不同温度或同一温度不同合金的方式来选择样品和温度。

（2）将合金铸锭切割成10mm×10mm左右的小块，作为固溶处理试样。

（3）固溶处理：根据所选合金，选择合适的温度、保温时间及冷却方式，完成固溶处理。

（4）将固溶处理后的样品放入盐浴炉中，进行时效处理，时间为60h。

（5）根据不同时间（2h、4h、8h、10h、12h、14h、16h、18h、20h）进行取样。

（6）将时效处理后的样品进行打磨，将一对面磨平，以作为时效硬度检测试样。

（7）按照前述“试验前的准备”，选择标尺或试验力，确定用10×还是40×或20×，尽量大负荷用10×，小负荷用40×。如果选用40×或20×，就在“40×”或“20×”按键按一下，40×或20×的物镜会自动地转到丝杠的中心位置。

（8）旋转升降手柄，使试台载着试样上升，同时在测微目镜中进行观察，直到出现清晰的试样表面为止。

（9）按动“启动”键，试验开始，加荷电机转动，压头会压向试样，自动完成施加试验力、保持试验力、卸除试验力等动作，并在液晶显示板的顶部显示“正在施加试验力……”等相应的动作信息。如果当前试验力达到设定值时，会进入保持状态，开始保持试验力倒计时，保持时间至0后，开始卸除试验力，电机复位成功后停止动作。

（10）硬度计完成卸荷后，转动头转动，40×或20×物镜中心自动与试台的轴线重合。

（11）测量维氏压痕长度，具体方法如下：从测微目镜中观察，如果被测压痕轮廓不清，旋转升降手轮，调整试台上下位置，直到清晰为止；如果压痕偏离视场，无法测量，应通过调整试样，将压痕移止视场中心后，再进行测量。

（12）每个试样按照GB/T 4340.1—2009《金属材料　维氏硬度试验　第1部分：试验方法》检验至少5点。

2. 注意事项

（1）实验安全第一，严格按照操作规程使用仪器设备，禁止触动其他设备。

（2）戴好防护手套和护目镜。

（3）在使用硬度计之前，将丝杠顶面及工作台的上下端面擦干净，将工作台置于丝杠的安装孔中。应根据工件的大小选用适当的工作台。

（4）使用显微硬度计时，旋转手柄要缓慢用力并观察样品的位置。

六、实验结果及分析

（1）本实验采用的载荷为200g，对应的力为1.96N，每个试样至少测试5点，去掉最高值和最低值，然后取平均值，将算出的$HV_{0.2}$的平均数值填入表18-1中。

表 18-1 （　　　）合金在不同温度下的平均硬度值（$HV_{0.2}$）

合金状态	不同温度下的平均硬度值（$HV_{0.2}$）		
	175℃	200℃	225℃
固溶态			
2h			
4h			
6h			
8h			
10h			
12h			
14h			
16h			
20h			

（2）根据表中的数值，画出不同温度下“时效时间-时效硬度”的硬化曲线，并标注出误差线。将表和图附在实验报告后面。

（3）根据实验结果，简单讨论误差的可能来源及如何避免的措施。

七、思考题

（1）根据实验结果，说明时效温度对时效硬度峰值的影响规律。

（2）根据实验结果，简单讨论不同合金在同一温度下的时效硬度的影响规律。

参考文献

［1］ NIE J F. Precipitation and hardening in magnesium alloys［J］. Metallurgical and Materials Transactions A，2012，43：3891-3939.

［2］ 朱红梅. Mg-6Zn-xCu-0.6Zr（x＝0－2.0）铸造镁合金的时效行为、显微组织及力学性能研究［D］. 广州：华南理工大学，2011.

［3］ 张义清. 时效处理对变形镁合金组织性能的影响研究［D］. 太原：中北大学，2006.

［4］ 陈振华. 耐热镁合金［M］. 北京：化学工业出版社，2007.

实验十九

镁合金腐蚀综合实验

一、目的和要求

（1）了解金属常见的腐蚀形式及测试方法。

（2）掌握金属在溶液中的腐蚀方法——失重法。

（3）掌握塔菲尔曲线的测试原理和方法并学会绘制 η-log$i$ 图。

（4）掌握一种测定金属高温腐蚀的方法——增重法。

（5）了解影响金属腐蚀速度的因素。

二、实验背景概述

1. 金属腐蚀简述

金属材料部件在加工或服役期间不可避免地发生或多或少的腐蚀现象。据 2016 年美国腐蚀工程师协会（National Association of Corrosion Engineers，NACE）调查显示，全球每年因金属锈蚀而损失的金额达 2.5 万亿美元，大约相当于全球生产总值的 3.4%，远超过地震、水灾、台风等自然灾害造成损失的总和。近年来，随着全球气温升高，对金属的耐蚀性又提出了更高的要求。因此认识和掌握相应的金属腐蚀原理和测定方法对今后的金属防腐具有重要意义。

所谓腐蚀，就是金属与周围的气体或液体物质发生氧化还原反应而引起损耗的现象，主要分为化学腐蚀和电化学腐蚀。化学腐蚀就是金属与接触到的干燥气体（如 O_2、Cl_2、SO_2）或非电解质液体（石油）等直接发生化学反应而引起的腐蚀。电化学腐蚀就是不纯的金属与电解质溶液接触时，会发生原电池反应，比较活泼的金属因为失电子而被氧化的腐蚀。电化学腐蚀也可以理解为金属在环境中的氧化及在溶液或潮湿环境中的电化学反应，这两个反应有时是同时存在的。近年来，随着交通领域的轻量化及电子产品轻量化和高屏蔽性能的需求，镁合金的研发及使用越来越广。Mg 的平衡腐蚀电位为－2.37V，比 Al(－1.66V)、Fe(－0.44V)都低，是目前金属结构材料中腐蚀电位最低的，非常容易失去电子发生氧化反应，即与周围介质反应形成腐蚀产物；又由于其 PBR 为 0.81，生成的氧化物膜不具有保护性。因此，研究镁合金的腐蚀行为对扩大其应用具有重要意义。

但是镁合金仍然存在耐蚀性不足的问题，这极大地限制了其应用范围。许多科研人员相继开发了多种金属腐蚀的评价方法，有动态测试和静态测试等。评价镁合金的耐蚀性也多以 NaCl 溶液为腐蚀介质，本综合实验项目选取镁合金为研究对象，选择 3 个相对基础的静态测试方法为本实验金属腐蚀的评价方法。

2. 镁合金在溶液中的腐蚀行为

镁合金由于缺少保护性的表面，当与水或其他盐溶液接触时，镁合金极易发生腐蚀溶解，且腐蚀速度很快。腐蚀反应总方程式如下：

$$Mg+2H_2O \longrightarrow Mg(OH)_2+H_2\uparrow \tag{19-1}$$

Mg 作为阳极溶解的反应方程式是

$$Mg \longrightarrow Mg^{2+}+2e^- \tag{19-2}$$

在阴极发生的反应析出 H_2，反应方程式为

$$2H_2O+2e^- \longrightarrow H_2\uparrow+2OH^- \tag{19-3}$$

Mg 表面生成腐蚀产物层的反应方程式为

$$Mg^{2+}+2OH^- \longrightarrow Mg(OH)_2\downarrow \tag{19-4}$$

由此可以看出，Mg 在含水的溶液中会发生 Mg 的溶解并伴随 OH^-、H_2 和微溶于水的 $Mg(OH)_2$ 生成。一般认为，镁合金在高强度的碱性环境中形成的腐蚀产物具有保护的效果。但是在含 Cl^- 或酸性溶液(含有 CO_2 气氛)中，形成的 $Mg(OH)_2$ 保护层会产生裂纹，从而不能有效地保护合金。同时 Mg 还可能会与合金化元素、第二相及杂质产生微电偶腐蚀，加快镁合金的腐蚀速率。镁合金的腐蚀类型根据电位、腐蚀形貌、腐蚀位置等有不同的分类，例如有电偶腐蚀、局部腐蚀、均匀腐蚀、晶间腐蚀等类型。局部腐蚀根据其形貌又可以分为点蚀、丝状腐蚀、缝隙腐蚀和均匀腐蚀。在金属腐蚀中，一般认为均匀腐蚀要优于点蚀。

1）点蚀

由于合金中高电位合金化元素、第二相、杂质和加工过程中产生缺陷，镁合金在含 Cl^- 的溶液中，表面的氧化膜或氢氧化物极容易被破坏。这样就形成了“大阴极(保护膜)、小阳极(合金基体)”的情况，就会加速点蚀的发生及扩展。点蚀的发生与电位差、晶粒尺寸及击穿电位有关。

2）丝状腐蚀

镁合金丝状腐蚀一般起始于点蚀的区域，随后沿着相对活性的位置进行扩展。丝状腐蚀容易在阳极氧化层或保护涂层下产生，为微电偶腐蚀的产生提供条件。丝状的头部与尾部的氧浓度差，促使了丝状腐蚀的发生。

3）缝隙腐蚀

一般认为缝隙腐蚀由氧浓度驱动而产生。由于在镁合金中的氧浓度变化被忽略，因此

研究较少。据报道，在镁合金与镶嵌树脂之间可以观察到缝隙腐蚀，腐蚀发生在样品与模具的接触面中，在腐蚀过程中会产生 H_2，由于二者之间的缝隙很窄，H_2 的析出在隔离裂缝内发生一些腐蚀。鉴于该腐蚀现象目前还不能用现有的电化学技术来测量，相关机制仍不明确。

4）均匀腐蚀

均匀腐蚀是相对于局部腐蚀而言的。一般情况下，超高纯镁的耐蚀性实验表明其表面呈现出均匀腐蚀的特征。在实际应用中，与点蚀相比，均匀腐蚀更便于观察和检测，也更容易引起人们的注意，以便及时进行维护处理。而点蚀，特别是发生在合金内部的点蚀难于发现，更容易引起大的危害。

5）影响因素

凡是影响镁合金和腐蚀介质的，都会影响其耐蚀性，例如合金的纯度、第二相的形态、数量及其分布、合金化元素的分布、晶粒尺寸和是否有织构、孪晶等。

6）失重法

失重法是一种广泛应用的测量金属在腐蚀溶液中耐蚀性的方法，适用于室内外多种腐蚀实验，可用于评定材料的耐蚀性能，也可以用来在评选工艺条件时检查防蚀效果等。这主要是由于其试验的结果相对可靠，所以一些快速测定金属腐蚀速率的实验结果还常常需要与其对照。失重法是金属腐蚀与控制的常用方法，因此通过实验来理解和学会如何应用是很有必要的。同时，失重法也有一定的不足。第一，它的出发点是考虑金属在溶液中的均匀腐蚀情况；第二，失重法要求对腐蚀前后的质量进行测量，而腐蚀后的质量则需要进行腐蚀物的全面清除，如果清理不干净或有一些腐蚀物附着在表面而被清理掉了，都会对腐蚀速率造成误差。

7）塔菲尔曲线

在失重法中提到，失重法的优点是准确可靠，但它的实验周期相对较长，只能通过多组平行实验来完成，操作过程相对烦琐，不能满足对合金快速测试的要求。于是电化学方法由于具有操作简单、快速及便于实时监控的特点，而得到了科技工作者的重视。相应的电化学分析方法主要有塔菲尔曲线外推法、线性极化法、三点法、恒电流暂态法和交流阻抗法等。测量合金腐蚀体系的极化曲线，实际上就是测量在外加电流作用下，金属在腐蚀介质中的电极电位与外加电流密度之间的关系。在电化学方法中，极化曲线是一种相对可靠、简便的测试方法。1905 年，塔菲尔（Tafel）提出了塔菲尔关系式，即在过电位足够大（$\eta>50\text{mV}$）时，过电位与电流密度有如下的定量关系：$\eta=a+b\ln i$，称为塔菲尔公式，式中 i 是电流密度，a、b 是常数。常数 a 是电流密度，i 等于 1A/cm^2 时的电势值，它与电极材料、电极表面状态、溶液组成及实验温度等密切相关。对于镁合金而言，b 的数值相差不大。塔菲尔曲线指符合塔菲尔公式的曲线。在极化曲线中，一般用其强极化区的一段代表塔菲尔曲线，该段曲线的“E-log$i$ 曲线”在一定的区域“Tafel 区”中呈现线性关系。本实验采用塔菲尔曲线外推法测定镁合金的腐蚀速度。

塔菲尔直线外推法同样存在一定的不足：①它主要适用于活化控制的腐蚀体系，如析氢型的腐蚀；②对于浓度极化较大的体系、电阻较大的溶液和在强烈极化时金属表面发生较大变化（如膜的生成或溶解）等干扰腐蚀体系较大的情况，测量的极化曲线可能出现误差，进而对测量的腐蚀电流带来误差；③一些合金在腐蚀体系下的极化曲线的塔菲尔直线段不明显，在用外推法的选点时，容易引起人为误差。此外，在外推作图时也会引入较大的误差。所以在测量时，往往为了能获得较为准确的数值，塔菲尔直线段应至少包含一个数量级以上的电流范围。

3. 镁合金的高温氧化

金属高温氧化实质上是固-气反应的一种，包括金属氧化的热力学及金属氧化的动力学。金属高温氧化包括狭义的高温氧化和广义的高温氧化。狭义的高温氧化指在高温下金属与 O_2 反应生成金属氧化物的过程，可以表示为 $x\text{M(s)}+y/2\ \text{O}_2\text{(g)}=\text{M}_x\text{O}_y\text{(s)}$，式中 M 是金属，M 可以是纯金属、金属间化合物、合金、非晶等；O_2 可以是纯氧，含有 O 的干燥气体等；s 代表固体；g 代表气体。广义高温氧化指高温下组成材料的原子、原子团或离子丢失电子的过程。可以用下式表达：$\text{M}+\text{X}=\text{M}^{n+}+\text{X}^{n-}$，其中，M 可以为金属原子、原子团或离子；X 为具有反应性的气体，可以是 O_2、Cl_2 或混合反应性气体等。

Mg 及其合金在空气中易与氧反应生成一层氧化膜，但由于 MgO 的 PBR 为 0.81 且其结构疏松，不像铝合金致密的 Al_2O_3 钝化膜能有效阻碍氧的内扩散，故无法保护镁基体免受高温腐蚀。实际上，不但镁合金会受高温腐蚀，像钢铁、铜合金等也都在制造过程或使用过程中存在高温腐蚀的问题，如石油化工的管道、输送石油的管道、钢铁高温的淬火和锻造过程等。研究高温氧化一般是通过氧化动力学，观察其氧化层的厚度来判断抗氧化的优劣。金属表面形成的连续致密且与基体结合较好的氧化膜，非常有利于提高合金的抗氧化性。这也与环境介质有关，铝合金形成的 Al_2O_3 氧化膜具有连续致密的性质，但是一旦将铝合金放在含有酸性气体的地方，由于 Al_2O_3 是两性氧化物，其氧化层也极易被腐蚀。所以讨论金属的抗氧化能力，一定要注意其所处的环境（腐蚀介质、温度、压力等条件）。

评价金属抗氧化能力的主要指标是金属的氧化速率。氧化规律是将氧化增重或氧化膜厚度随时间的变化用数学式表达的一种形式，主要有直线规律、抛物线规律、立方规律、对数规律、反对数规律。

1）直线规律

金属氧化时，若不能生成保护性氧化膜，或者在反应期间形成气相或液相产物而脱离金属表面，则氧化速率直接由形成氧化物的化学反应决定，因而氧化速率恒定不变，即膜厚 y（或增重）与氧化时间 t 成直线关系：$y=k_{\text{L}}t+C$，式中 k_{L} 为氧化的线性速度常数，C 为积分常数。碱金属和碱土金属氧化时都符合直线规律，这种金属不具备抗氧化性。

2）抛物线规律

多数金属和合金的氧化规律为抛物线规律。因为在较宽的温度范围内氧化时，金属表面形成较致密的氧化膜，氧化速率与膜厚成反比，积分得抛物线方程：$y^2=k_{\text{P}}t+C$，式中 k_{P} 为抛物线速率常数，C 为积分常数，它反映了氧化初始阶段对抛物线规律的偏离。金属氧化的抛物线规律，主要因为氧化膜具有保护性，所以氧化反应主要受金属离子和氧在膜中的扩散控制。然而由于氧化膜与基体金属剥离，氧化膜中的应力或氧化物发生熔化等时的实际的氧化速率经常偏离抛物线规律。

3）立方规律

在一定温度范围内，某些金属的氧化服从立方规律，即 $y^3=k_C t+C$，式中 k_C 为立方速率常数，C 为常数。Zr 在 600～900℃、1 个标准大气压 O_2 中的恒温氧化均属立方规律。

4）对数和反对数规律

有些金属在低温或室温氧化时服从对数或反对数规律。Cu、Fe、Zn、Ni、Al 等的初始氧化行为符合对数规律；室温下，Cu、Fe、Al、Ag 的氧化行为符合反对数规律。

三、实验原理

1. 失重法

失重法是测试金属材料腐蚀的众多方法中的一种。所谓"失重"法，就是镁合金在一定的温度、压力和腐蚀介质下，经过一段时间的腐蚀，然后通过比较腐蚀前后该材料的质量变化从而确定腐蚀速度的一种方法。失重法可采用全面浸泡方法或固定选择几个平面进行试验。可采用下式进行计算：

$$v=(M_0-M)/(s\times t) \tag{19-5}$$

式中：v(g/(m^2·h))为腐蚀速度(当 v 为负值时，说明腐蚀产物未全部清除)；s(m^2)为试样面积；t(h)为试验时间；M_0(g)为试验前试片的质量；M(g)为实验后试片清除腐蚀产物后的质量。对于均匀腐蚀的情况，根据以上公式可以换算出腐蚀深度的表达式：

$$v_y=8.76v/d \tag{19-6}$$

式中：v_y(mm/a)为 1 年的腐蚀深度；d(g/cm^3)为试验金属的密度。

2. 塔菲尔曲线外推法

镁合金与 NaCl 溶液构成腐蚀体系，其电化学反应式在阳极为 $Mg=Mg^{2+}+2e^-$，而在阴极为 $2H_2O+2e^-=H_2+2OH^-$，表明该反应属于析氢型反应。

在实验中，将测得的极化曲线(图 19-1)进行塔菲尔外延外推处理，来求得腐蚀电

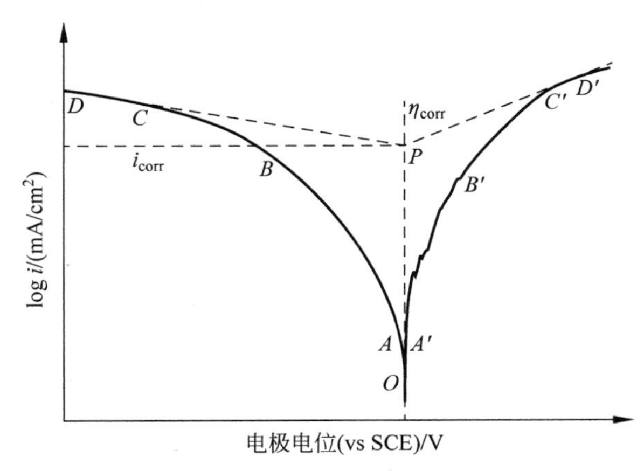

图 19-1　极化曲线处理示意图

流(i_{corr})和腐蚀电位(η_{corr})。首先,极化曲线可以分为3个区:①线形区—AB段;②弱极化区—BC段;③塔菲尔区—直线CD段。把塔菲尔区的CD段外推与自腐蚀电位的水平线相交于O点,此点所对应的电流密度即金属的自腐蚀电流密度i_c,对应的电位就是腐蚀电位。根据法拉第定律,即可以把i_c换算为腐蚀的质量指标或腐蚀的深度指标。对于阳极极化曲线不易测准的体系,通常只将阴极极化曲线的塔菲尔直线外推与φ_c的水平线相交以求取i_c。

3. 高温氧化

Mg及其合金在空气或纯氧中,在高温下Mg会与O_2发生反应,生成MgO。如前所述,MgO的结构疏松,不具有有效的保护性。在高温实验时,表面生成的MgO氧化膜将导致镁合金质量的变化,将氧化前后的质量差与氧化时间的曲线进行拟合,再根据"镁合金的高温氧化"这一节中的不同氧化规律,判断该合金在其测试的温度下属于何种反应模式。

四、实验内容、材料、设备和主要方法

1. 实验内容

(1) 利用全浸泡的方式,采用失重法测试铸态纯镁和商用AZ91镁合金在3.5wt.%NaCl溶液中室温下浸泡96h的腐蚀速率。

(2) 测试铸态纯镁和商用AZ91镁合金在3.5wt.%NaCl溶液中室温下的极化曲线,并用塔菲尔直线外推法求出腐蚀电流和腐蚀电位。

(3) 测试铸态纯镁和商用AZ91镁合金在350℃、400℃、450℃、500℃和550℃下,在1个标准大气压下纯氧或空气下氧化8h的氧化增重。

2. 实验材料和设备

失重试验:铸态纯镁、商用AZ91镁合金、砂纸、3.5wt.%NaCl溶液、游标卡尺、分析天平、烧杯、量筒、计时器、温度计、玻璃棒、镊子、去离子水、细尼龙线、体视显微镜、超声波清洗器、吹风机、CrO_3、$AgNO_3$

极化曲线:铸态纯镁、商用AZ91镁合金、3.5wt.%NaCl溶液、砂纸、截面积为$2.5mm^2$的铜线、焊锡、游标卡尺、电化学工作站CHI650C、Pt电极(辅助电极)、饱和甘汞电极(参比电极)、pH计、电烙铁、分析天平、量筒、烧杯、无水乙醇、环氧树脂、固化剂。

氧化实验:铸态纯镁、商用AZ91镁合金、砂纸、游标卡尺、Pt坩埚、石英管、分析天平、无水乙醇、管式炉、真空泵、X射线衍射仪。

3. 实验方法

利用体视显微镜对失重试验样品的表面(包括清除腐蚀产物的)进行组织观察,初步判断腐蚀的类型。对氧化后的样品,利用X射线衍射仪进行表面的物相分析,采用掠入射方法进行(可选择)。

五、操作步骤及注意事项

1. 操作步骤

1）失重实验

（1）每组同学对每种样品制备至少3个1cm×1cm的试样，以便平行试验；为了获得均一的表面状态，需要打磨试样各个表面，打磨后需要用无水乙醇超声波清洗，然后用吹风机吹干；利用分析天平，称量每个样品的质量；再利用游标卡尺测量各个面的长度，计算出总表面积。

（2）按照表面积：溶液＝1：26称量3.5wt.%NaCl溶液，倒入烧杯中。

（3）利用细尼龙线固定好每个样品，并利用标签纸做好标记。

（4）室温下，将样品放入烧杯中，试样要全部浸入溶液，每个试样浸泡在溶液中的深度尽量一致，上端应在液面以下10mm。

（5）放置96h后，取出样品，用(200g/L CrO_3+2g/L $AgNO_3$)洗净表面的腐蚀产物，并用蒸馏水彻底冲洗表面的腐蚀产物，再用无水乙醇清洗，用吹风机吹干；然后利用分析天平称量质量，做好记录；最后利用体视显微镜观察表面组织。

（6）利用失重法公式，计算出相应的腐蚀速率，根据平行样品的数值，给出平均值。

2）塔菲尔曲线外推法步骤

（1）样品制备：每组同学对每种样品制备至少3个1cm×1cm的试样，以便平行试验；打磨样品至5000#砂纸。

（2）将铜线一端焊接在样品的表面，留出一面作为待测工作面，其余面利用环氧树脂和固化剂进行密封处理(也可以选用其他方式密封处理，如牙托粉、指甲油和胶水等)。

（3）根据电化学工作站CHI650C的要求，将工作电极、参比电极和辅助电极放入装有溶液的烧杯中，再连接线路。

（4）按照电化学工作站CHI650C的说明和测试要求，进行参数设置，首先进行开路电位(open circuit potential，OCP)测量，待其稳定后(一般为30min)；设置极化曲线参数，并开始测量。

（5）测量结束后，保存好数据。

3）氧化实验步骤

（1）样品制备：每组同学对每种样品制备至少5个1cm×1cm的试样，以便平行试验；打磨样品至5000#砂纸。

（2）打磨后需要用无水乙醇超声波清洗，然后用吹风机吹干；利用分析天平，称量每个样品的质量，再利用游标卡尺测量各个面的长度，计算出总表面积。

（3）将样品放入坩埚中，并做好标记；再将坩埚放入管式炉的石英管中，确保放在恒温区间，否则受热温度不均会带来明显的实验误差。

（4）每组同学选择一个温度，将管式炉升温至待测温度，并在2h、4h、8h、10h和12h分别取出样品，冷却后立即称量样品质量，并做好记录。

2. 注意事项

(1) 实验安全第一,严格按照操作规程使用仪器设备,禁止触动其他设备。

(2) 戴好防护手套和护目镜。

(3) 在打磨样品的过程中,尽量保证表面和尺寸的一致性。

(4) 在高温氧化过程中,保证实验人员在现场,不能擅自离开。

六、实验结果及分析

1. 失重法实验记录

根据失重法的实验结果,将实验数据填入表 19-1 中,利用公式算出其平均的腐蚀速率,然后比较合金腐蚀之后的表面形貌,对比腐蚀特征,比较铸态纯镁和商用 AZ91 镁合金的耐蚀性。

表 19-1 失重法实验的数据

样品名称	测量尺寸								
	编号	长/mm	宽/mm	厚/mm	总面积 S/mm^2	初始质量 M_0/g	腐蚀后质量 M/g	腐蚀速率 v/($g/(m^2 \cdot h)$)	平均速率 v/($g/(m^2 \cdot h)$)
	1								
	2								
	3								
	4								
	5								
	6								

2. 塔菲尔曲线外推法实验记录

在进行极化曲线法的实验过程中,对以下数据进行记录并填入表 19-2 中,比较两种金属的耐蚀性的差异,并绘制 η-log$i$ 图。

表 19-2 塔菲尔曲线外推法实验记录

样品名称	测量尺寸						
	编号	长/mm	宽/mm	总面积 S/mm^2	腐蚀电流/mA	腐蚀电位/V	平均腐蚀电流/mA
	1						
	2						
	3						
	4						
	5						
	6						
	7						
	8						
	9						

3. 高温氧化实验记录

在高温氧化实验中，记录数据于表 19-3，根据原理中的公式进行分析，绘制好氧化增重与氧化时间的曲线，并进行拟合，然后说明氧化动力学的类型将曲线图附于实验报告之后。

表 19-3　合金抗氧化性实验记录

样品名称	测量尺寸								
	编号	长/mm	宽/mm	厚/mm	总面积 S/mm^2	初始质量/g	氧化后质量/g	质量差 $\Delta M/g$	平均氧化速率/($g/(m^2 \cdot h)$)
	1								
	2								
	3								
	4								
	5								
	6								

七、思考题

（1）对比 3 个实验，说明样品表面需要打磨的原因。

（2）解释同一种样品经过极化曲线测试，利用塔菲尔外推法获得的腐蚀电流不同的原因或说明其影响因素？

（3）在氧化实验中，影响氧化速率的因素有哪些？你认为应该如何减小这些影响？

（4）通过这几个实验，比较铸态纯镁和商用 AZ91 镁合金分别在溶液中和高温下抗氧化的差异，并简述可能的原因。

参考文献

宋光铃. 镁合金腐蚀与防护[M]. 北京：化学工业出版社，2006.

实验二十

冲压模具结构拆装实验

一、目的和要求

(1) 通过典型冲压模具的结构拆装,掌握理论课上所讲授的模具结构和工作原理。

(2) 了解模具装配顺序,熟悉冲压模具每个零件的结构和用途。

(3) 了解凸模、凹模和凸凹模的尺寸、形状特点及工作零件的安装方法。

(4) 掌握典型冲压模具的安装及模具调试,能正确分析各副模具的工作原理,并找出它们之间的异同。

二、实验原理

常规的冲压模具的结构包括上模座、导柱、导套、凸模、凹模和下模座。模柄根据冲压设备可有可无。随着工件结构变得复杂和工作效率的提高,已经很少可以看见单项模具,取而代之的是复合模具,其可以完成下料和冲孔两个或多个工序,并能自动卸料。在单项模具的基础上,复合模具加入了卸料板、推料杆,同时下料凸模充当了冲孔凹模、下料凹模充当了冲孔凸模。

三、实验内容、材料和设备

冲压模具、内六角扳手、活动扳手、铜棒、手锤等,如图 20-1 所示。

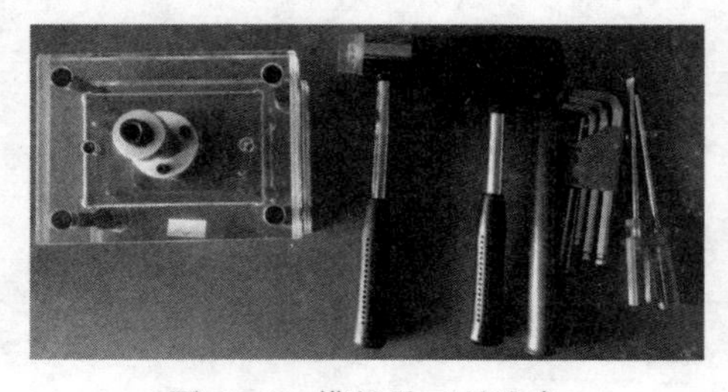

图 20-1　模具及工具准备

四、操作步骤及注意事项

1）拆装前的准备

仔细观察已准备好的3种冲压模具，熟悉其各零部件的名称、功能及相互装配关系。

2）拆卸步骤

拟定模具的拆卸顺序及方法，按拆模顺序将冲模拆为几个部件，再将其分解为单个零件，并进行清洗。然后深入了解凸模、凹模的结构形状、加工要求与固定方法；定位与导料零件的结构形式及定位特点；卸料、压料零件的结构形式、动作原理及安装方式；导向零件的结构形式与加工要求；支承零件的结构及其作用；紧固件及其他零件的名称、数量和作用。在拆卸过程中，要记清各零件在模具中的位置及配合关系。

（1）翻转模具，保证基准面朝下。

（2）分离上模、下模。在分离过程中一人固定模具一侧，另一人使用紫铜棒沿模具的分离方向敲击模具模板的另一侧，开模时保证上模、下模保持平行，避免模具分离时损坏导柱、导套和其他零部件，如图20-2所示。

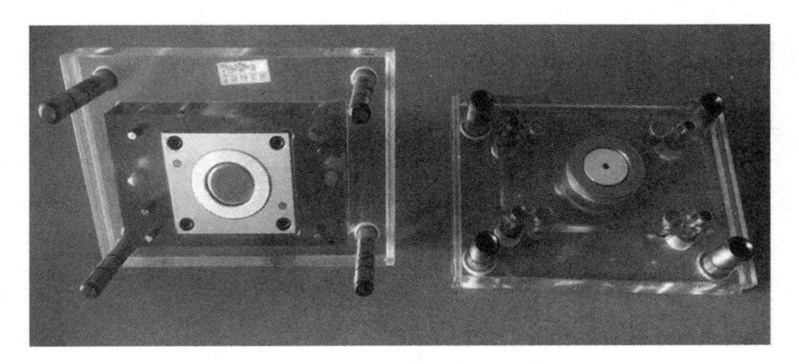

图20-2　分离上模、下模

（3）拆卸下模。使用内六角扳手卸下固定螺栓，从下模座地面向凹模方向打出定位销，分开凹模固定板，卸下卸料弹簧和卸料板，如图20-3所示。

（4）拆卸上模，如图20-4所示。

图20-3　拆卸下模

图20-4　拆卸上模

3）确定模具装配步骤和方法

(1) 组件装配。将模架、模柄与上模座、凸模与固定板、凹模与固定板等，按照确定方法装配好(组件装配内容视具体模具而确定)，并注意装配精度的检验。

(2) 确定装配基准。在模具总装前，根据模具零件的相互依赖关系来确定装配基准，这样的做法易于保证装配精度。单工序模选择在装配过程中受限制较大的凸模(或凹模)部分为基准；复合模以凸凹模作为装配基准；连续模以凹模为装配基准。

(3) 制定装配顺序。根据装配基准，按顺序将各部件组装、调整，以恢复模具原样。

注：在装配过程中，应合理选择装配方法，保证装配精度，并注意工作零件的保护。

(4) 试模。在压力机上试模，验证装配精度及冲压件是否合格。若冲压件不合格，需分析原因，对模具进行适当调整，直至工件合格为止。

五、实验数据处理及分析

(1) 每人独立(用直尺、圆规，按近似比例)绘制1张冲压模具的结构草图。

(2) 详细列出冲压模具上全部零件的名称、数量、用途及其所选用的材料；若选用的是标准件，则列出标准代号。

(3) 简要说明冲压模具的结构特点及工作过程。

实验二十一

冷作/热作模具钢摩擦磨损性能测定

一、目的和要求

（1）使学生掌握摩擦磨损实验仪的操作，掌握摩擦系数及耐磨损性能的测试方法，探讨磨损机制。

（2）熟悉高速往复摩擦磨损试验仪和高温摩擦磨损试验仪的基本操作步骤。

（3）在实验中进行球-盘摩擦试验，在室温及选定的负荷、速度条件下，测定冷作模具钢材料的摩擦系数和耐磨性能曲线。

（4）熟悉高温摩擦磨损试验仪的基本操作步骤。

（5）进行热作模具钢高温摩擦磨损试验，加热温度为600℃，在选定的负荷、速度条件下，测定热作模具钢在高温环境下的摩擦性能和耐磨强度。

二、实验原理

（1）MFT-R4000往复摩擦磨损试验仪运用球-盘之间摩擦原理及微机自控技术，将砝码或可变加载机构加至磨球上，材料试样随试验台运用偏心轮原理，以设定的频率实现摩擦副的高速往复运动，通过传感器获取摩擦时的摩擦力信号，经放大处理，输入计算机经A/D转换将摩擦力信号通过运算得到摩擦系数曲线。通过摩擦系数曲线的变化得到材料的摩擦性能和耐磨强度，即在特定载荷下，经过多长时间（多长距离）摩擦系数会发生变化，并通过称重法得到材料表面的磨损量。

（2）MS-HT1000高温摩擦磨损试验仪运用球-盘之间摩擦原理及程序温度控制系统技术，通过砝码加载机构将负荷加至球上，作用于试样表面，同时试样固定在高温环境下的测试平台，并以一定的速度旋转，使球摩擦涂层表面。通过传感器获取摩擦时的摩擦力信号，经放大处理，输入计算机经A/D转换将摩擦力信号通过运算得到摩擦系数曲线及温度设定曲线。通过摩擦系数曲线的变化和温度设定曲线得到在高温环境下材料或薄膜的摩擦性能和耐磨强度，即在特定载荷下经过多长时间（多长距离）摩擦系数会发生变化，并通过称重法得到材料表面的磨损量。

三、实验设备及材料

MFT-R4000 往复摩擦磨损试验仪、MS-HT1000 高温摩擦磨损试验仪、内六角扳手、活动扳手等。

四、实验方法及步骤

(1) 根据试验条件按照规定尺寸加工试样。

(2) 用乙醇或丙酮清洗试样，称重或测量试样尺寸，并记录。

(3) 安装试样。

(4) 设定试验条件，包括压力、转速、温度、终止条件等。

(5) 开启电源，平稳启动设备，进行试验。

(6) 试验结束，保存摩擦系数及摩擦功的值，取下试样，清洗试样并记录数据。

(7) 处理数据，根据不同的评估方法，分析试样的耐磨性能，并进一步分析其摩擦机制。

五、实验报告内容

(1) 说明摩擦试验的目的、意义。

(2) 简要说明摩擦磨损试验仪的构造和使用方法。

(3) 处理数据，分析两种材料在相同试验条件下的耐磨情况，并分析原因。

(4) 查阅资料，叙述对金属材料耐磨性的影响因素。

实验二十二

埃里克森杯突实验

一、目的和要求

（1）掌握 EC 系列杯突成形试验机的操作方法。

（2）掌握杯突实验原理。

二、实验原理

（1）杯突实验是测试板材在拉延成形时承受塑性变形能力的方法。该实验是将一定宽度的板料放置在凹模和压边圈之间夹紧，用一个端部为球形的冲头在板材上进行冲压，由于金属板料的外边缘被夹紧，而板材的外边缘直径较大，模平面上的金属材料不能进入凹模补充，凸模下的金属材料以两向受拉的形式变薄形成凹坑，直到出现一条穿透裂纹，凹坑的深度（即凸模的行程）叫作板料的埃里克森（Ericksen）杯突值，用 IE 表示，可通过拉伸载荷-位移曲线观察，IE 可用来评价材料的胀形性能。

（2）不同金属材料的性能不同，其杯突值也不同。

（3）深拉冲杯实验（即凸耳实验）反映了金属板材的成形性、延展性及各向异性。将圆形板材压延成平底杯形件后，杯口会形成凸耳。凸耳值可以灵敏地反映板材的平面各向异性大小，是评判板材成形性能是否稳定的重要因素。

（4）深拉冲杯实验随着压边力的不同，会出现起皱或拉裂现象。

三、实验内容、材料和设备

1. 实验材料和设备

EC 系列材料成形试验机、杯突实验模具、ϕ180mm 板料、卡尺、圆规、铁剪等。

2. 实验内容

(1) 使用EC系列材料成形试验机进行杯突实验，测出不同材料在一定的拉伸速度和压边力条件下的拉伸载荷-位移曲线，确定不同材料的杯突值。

(2) 使用EC系列材料成形试验机进行深拉冲杯实验，观察不同压边力及拉伸速度条件下成形件的成形性能及是否有缺陷产生。

四、实验步骤

1. 杯突实验过程

(1) 进入杯突实验控制界面。

(2) 放入样板，放置样板前将样板均匀涂抹润滑介质，样板要置于"压边圈"的正上方，如图22-1所示。

图22-1　圆形样板放置于"压边圈"正上方

(3) 单击"压边"，压边圈会自动上行，与凹模夹住样板，直到"实时压边力"剧烈变化。

(4) 单击"重置数据"后，单击"拉伸速度设定"，通常速度为1mm/s或0.5mm/s。

(5) 单击"拉伸"，冲模自动前进。

注： 通过"位移距离设定"可以限定模具拉伸样板的最大行程。如果需要设备感应屈服极限停机，请将位移距离设置大于30mm。"延时设定"可以改变设备感应到屈服极限后机器的停机时间，时间设置得越长，样板破裂状态越明显。

2. 冲杯凸耳实验过程

(1) 进入冲杯凸耳实验控制界面。

(2) 放入样板，放置样板前请将样板均匀涂抹润滑介质，样板要置于"压边圈"与"剪切环”之间,如图 22-2 所示。

图 22-2　样板放置于“压边圈”与“剪切环”之间

(3) 单击“压边”,压边圈会自动上行(长按住“冲程压边”,压边圈会快速自动上行),与“剪切环”错位剪开样板。

(4) 样板剪切完成后,按压边释放,取下废料样板,如图 22-3 所示为取下的样板废料。如果样板太厚,弹簧自动弹不开废料,可以用手轻轻扳动样板即可弹开。

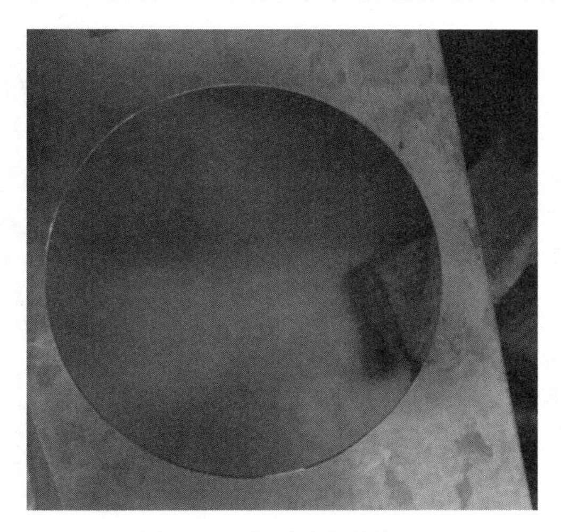

图 22-3　取下的样板废料

(5) 再次单击“压边”按钮,让模具上行,压边圈与凹模将样板压紧。

(6) 可以打开“闭环压边力设定”按钮,调整所需要的压边力,通常压边力设定范围是 20～80kN。

(7) 按下“拉伸”,冲模会自动拉伸出圆杯,待曲线采集完成后,将停机比例设为 0,再次按下“拉伸”,则可以取出冲模与样品。

(8) 如果冲杯卡在凹模无法用手取下,可以用细长顶杆将冲杯顶出冲模。

五、实验数据处理及分析

（1）简述实验原理及方法。

（2）分析实验材料的冲压性能。

（3）分析影响材料实验结果的因素。

（4）分析在拉伸过程中拉裂的影响因素。

根据杯突试验的结果，将通过拉伸载荷-位移曲线观察到的杯突值填入表 22-1 中。

表 22-1　杯突试验数据

材料	压边力/kN	拉伸速度/（$mm\cdot s^{-1}$）	杯突值/（$h\cdot mm^{-1}$）
1	40、55、70	0.5、1	
2	40、55、70	0.5、1	
3	120、135、150	0.5、1	
4	120、135、150	0.5、1	

参考文献

肖景容，姜奎华. 冲压工艺学[M]. 北京：机械工业出版社，2013.

实验二十三

液压传动及控制实验

一、目的和要求

（1）了解液压传动系统的组成。

（2）掌握常用液压元器件的工作原理，常用液压元器件包括溢流阀、三位四通电磁阀、调速阀等，了解液压传动系统的压力控制、速度控制和方向控制。

（3）掌握可编程控制器 PLC 外部接线电路连接方法，能够搭建简单的控制系统外围电路。

（4）理解液压传动的基本工作原理和基本概念是学习本课程的关键。通过液压缸的往复运动，了解压力控制、速度控制和方向控制，从而初步理解液压传动的基本工作原理和基本概念。

二、实验背景概述

"液压与气压传动"课程是材料成型及控制工程专业的教学计划中锻压专业方向的主要选修课。本课程主要使学生了解液压与气压传动技术的现状、前沿及发展趋势，掌握液压动力元件、液压执行元件、液压控制元件及液压辅助元件的典型结构、工作原理和参数计算；初步掌握液压基本回路的组成，了解典型液压传动系统的工作原理及其在工程实际中的应用；能够应用机械工程的基础知识正确识别、表达和分析复杂液压传动系统的工作原理，并能综合运用所学知识进行实际复杂工程问题的分析与设计计算；能够针对具备不同特点的系统要求，给出设计方案，完成回路设计并选择正确的元件。本课程的实验教学任务是让学生掌握常见液压基本回路的构成、常用液压元器件的工作原理及液压回路和动作的控制和实现方法，通过实验使学生对锻压设备中的液压实现和控制部分有更加深入的理解和认识，培养学生的动手能力和分析实际问题的能力。在实验过程中让学生对课程中所讲解的常用液压元器件进行操作和观察，深入理解液压元器件的工作原理；同时使学生初步具备液压元件、液压回路的调试及测试能力，能够正确处理实验数据和分析实验结果；能够就液压元件及回路设计撰写分析报告和设计文件。

通过该实验，学生应了解常见液压系统的基本构成，掌握常见液压系统元器件如溢流阀、减压阀、三位四通电磁阀、行程开关的工作原理，掌握一般液压控制系统的控制原理和接线方法；通过实验，使学生能够将课堂知识与实际应用相结合，提高学生的操作能力，分析、解决问题的能力。

三、实验原理

本实验使用的主要液压元器件有齿轮泵、溢流阀、调速阀、三位四通电磁阀、液压缸等透明液压元器件，实验过程能够直观地观察液压元器件的基本构成和工作状态，下面对实验使用的液压元器件的基本工作原理进行简单介绍，以便在实验过程中加深理解。

1. 齿轮泵基本原理

外啮合齿轮泵由一对齿数相同的渐开线齿轮、传动轴、轴承和客体组成。当齿轮泵工作时，外部电机带动主动齿轮，主动齿轮带动被动齿轮按照图 23-1 所示旋转，齿轮与客体配合把齿轮泵的内部型腔分成左右两个密封的油腔。当齿轮旋转时，轮齿从右侧退出啮合，右侧的封闭腔容积增加，形成局部真空，通过吸油管将油箱中的油吸入到吸油腔。两齿轮在左侧进入啮合，齿谷被对方的轮齿填充，排油腔的容积变小，左油腔的油压升高，油从排油口排出。齿轮在外部动力的带动下不断旋转提供液压动力。

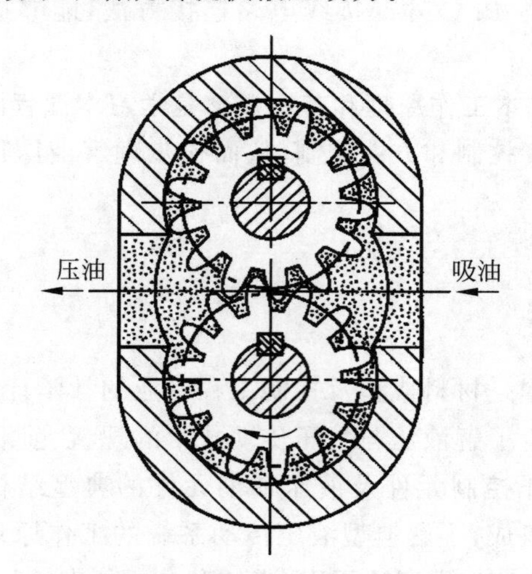

图 23-1 外啮合齿轮泵工作原理

其中，齿轮泵的排量 q_b 相当于一对齿轮的齿间容积之和。近似计算时可假设齿间的容积等于轮齿的体积，且不计齿轮啮合时的径向间隙。齿轮泵的排量为

$$V_b = \pi Dhb = 2\pi Zm^2 b \tag{23-1}$$

式中：D——齿轮分度圆直径，$D=mZ$；

h——有效齿高，$h=2\text{m}$；

b——齿轮宽；

Z——齿轮齿数；

m——齿轮模数。

泵的流量为

$$q = V_b n_b \eta_{bv} = 2\pi z m^2 b n_b \eta_{bv} \tag{23-2}$$

式中，n_b 为齿轮泵转速，η_{bv} 为齿轮泵的容积效率。

由于齿间的容积要比轮齿的体积稍大，需要引进修正系数对式(23-2)进行修正，因此修正后的齿轮泵的流量公式为

$$q = 2\pi k z m^2 b n_b \eta_{bv} \tag{23-3}$$

低压齿轮泵可选择 $2\pi k = 6.66$；高压齿轮泵可选择 $2\pi k = 7$。

2. 溢流阀工作原理

直动式溢流阀(图 23-2)是液压系统中压力控制阀的一种，是利用油液的压力与溢流阀中的弹簧力相平衡的原理工作的。当直动式溢流阀接入系统时，液压油就在阀芯上产生作用力，力的方向与弹簧力的方向相反，当进油口压力低于溢流阀的调定压力时，则阀芯不开启，进油口压力主要取决于外负载；当油液作用力大于弹簧力时，阀芯开启，油液从溢流口流回油箱。溢流阀中的弹簧力随着溢流阀开口量的增大而增大，直至与液压作用力相平衡。当溢流阀开始溢流时，其进油口处的压力基本稳定在调定值上，起到溢流稳压的作用。调压螺钉调节弹簧的预压缩量，可以调定溢流阀溢流压力值的大小。

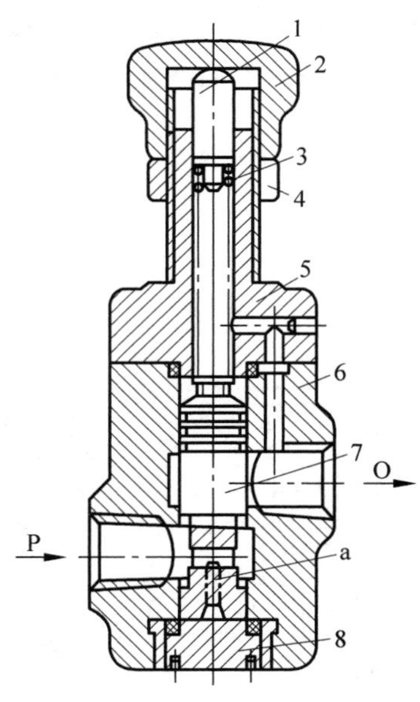

1—调节螺钉；2—螺帽；3—调压弹簧；4—调压螺母；5—阀体；6—阀座；7—阀芯；8—螺堵 。

图 23-2　P 型低压溢流阀结构图

除滑阀式结构，常用的还有锥阀型结构。锥阀型结构密封性好，但阀芯与阀座间的接触引力大，常作先导式溢流阀中调压阀、远程调压阀和高压阀使用。滑阀式阀芯用得较多，但

其泄漏量较大。直动式溢流阀结构简单、灵敏度高，但压力受溢流量的影响较大，不适合在高压、大流量下工作。

当溢流阀稳定工作时，在不考虑重力和摩擦力的情况下油液作用力和弹簧力处于平衡状态，平衡公式为

$$p=\frac{F_s}{A}=\frac{K(x_o+\Delta x)}{A} \tag{23-4}$$

式中：p——作用在阀芯的油液作用力；

F_s——弹簧力；

A——阀芯截面积；

K——弹簧的刚度；

x_o——弹簧的预压缩量；

Δx——弹簧的附加压缩量。

3. 调速阀基本原理

液压系统中执行元件运动速度的大小由控制液压油的流量来实现，流量控制阀就是利用节流口通流截面的变化来调节液压油的流量，调速阀就是流量控制阀的一种，使用调速阀能够避免负载变化对执行元件速度的影响，保持调速阀前后压力差恒定不变。

如图 23-3 所示为调速阀的工作原理图，调速阀由一个定差式减压阀串联一个普通节流阀组成。进油口处液压油以液压泵供给的压力 p_1 进入减压阀，其出口压力为 p_2，同时左右节流阀的入口压力，节流阀的出口压力 p_3 即调速阀的出口压力。p_1 由溢流阀调定，基本能够维持恒定压力，p_3 是由外部负载所决定的调速阀出口压力，其公式为

$$p_3=\frac{F}{A_1} \tag{23-5}$$

调速阀进油口和出油口的压力差为

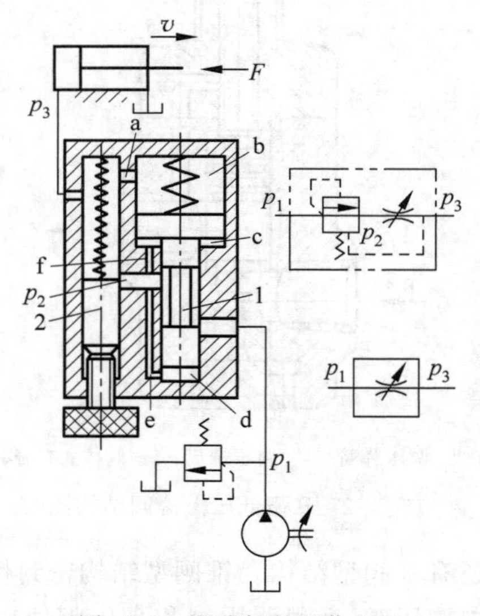

图 23-3　调速阀的工作原理

$$\Delta p = p_1 - p_3 = p_1 - \frac{F}{A_1} \tag{23-6}$$

式中：p_1——调速阀的进口油压力；

p_3——调速阀的出油口压力；

F——活塞上的负载；

A_1——活塞的有效工作面积。

4. 三位四通换向阀工作原理

三位四通换向阀(图 23-4)由二位四通换向阀和一个静止位置组成。三位四通换向阀具有多种中位机能形式。三位四通换向阀既可为滑阀式结构,也可为开关阀式结构。

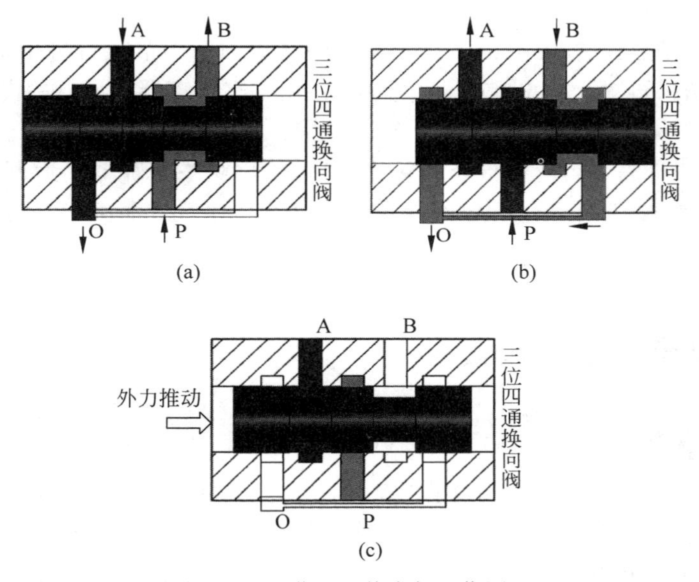

图 23-4　三位四通换向阀工作原理

(a) 正向工作位；(b) 反向工作位；(c) 静止位

三位四通换向阀处于静止位置,如图 23-4(c)所示,此时进油口 P 与回油口 O 接通,而工作油口 A 和 B 则关闭。由于液压泵出口油液流向油箱,所以这种工作位置称为液压泵卸荷或液压泵旁通。在液压泵卸荷情况下,其工作压力仅为三位四通换向阀的阻力损失,这并不引起系统发热。

三位四通换向阀向右换向,则进油口 P 与工作油口 A 接通,而工作油口 B 则与回油口 O 接通,液压油流向为 A→B,如图 23-4(b)所示;当三维四通换向阀向左换向,则进油口 P 与工作油口 B 接通,工作油口 A 则与回油口 O 接通,液压油流向为 B→A,如图 23-4(a)所示。

5. PLC 控制原理

液压传动是机械能转化为压力能,再由压力能转化为机械能而做功的能量转换装置。油泵产生的压力大小取决于负载大小。而执行元件液压缸按工作需要通过控制元件的调节，提供不同的压力、速度及方向，本实验中使用 PLC 对液压执行元件进行控制实验。

PLC 采用“顺序扫描，不断循环”的方式进行工作。即在 PLC 运行时，CPU 根据用户按控制要求编制好并存于用户存储器中的程序，按指令步序号(或地址号)作周期性循环扫描，如无跳转指令，则从第一条指令开始逐条顺序执行用户程序，直至程序结束。然后重新返回第一条指令，开始下一轮新的扫描。在每次扫描过程中，还要完成对输入信号的采样和对输出状态的刷新等工作。

PLC 的一个扫描周期必经输入采样、程序执行和输出刷新 3 个阶段。

(1) 输入采样阶段。首先以扫描方式按顺序将所有暂存在输入锁存器中的输入端子的通断状态或输入数据读入，并将其写入各对应的输入状态寄存器中，即刷新输入。随即关闭输入端口，进入程序执行阶段。

(2) 程序执行阶段。按用户程序指令存放的先后顺序扫描执行每条指令，经相应的运算和处理后，其结果再写入输出状态寄存器中，输出状态寄存器中所有的内容随着程序的执行而改变。

(3) 输出刷新阶段。当所有指令执行完毕后，输出状态寄存器的通断状态在输出刷新阶段送至输出锁存器中，并通过一定的方式(继电器、晶体管或晶闸管)输出，驱动相应输出设备工作。

四、实验内容、材料和设备

1. 实验设备

(1) THPYC-1B 型透明液压与 PLC 实训装置，由液压站和分台架两部分组成。

液压站主要元件有齿轮泵(4mL/r)，电机(960rpm、0.75kW)，溢流伐 P-B10B(2.5MPa、10L/min)，三位四通电磁换向阀(10L/min)，单向节流阀 LI-10B(6.3MPa、10L/min)。

实训台架正面的铝合金槽上可随意安置透明液压件及管道，并配有电气控制单元：PLC 主机模块及控制按钮模块，直流继电器模块及时间继电器模块，电源模块等。

透明液压元件及管道能清晰观察液压件的内部结构，系统工作时元件的动作、管道中油的流向能清楚显示。

(2) 微型计算机。

(3) 万用表。

(4) 扳手、螺丝刀、电线等。

2. 实验方法

在实验教师的指导下根据液压系统原理图搭建液压传动系统，根据控制原理图搭建液压控制电路，开启实验装置，观察液压控制电路部分工作是否符合设计要求，观察溢流阀、减速阀、三位四通换向阀和行程开关的工作原理。

五、操作步骤及注意事项

1. 操作步骤

1）搭建液压传动系统

（1）准备实验用液压元件，实验需要的液压元件有液压站、溢流阀、调速阀、三位四通电磁阀、压力表、双向作用缸、ME-8108 行程开关、油管若干。

（2）根据液压传动系统图（图 23-5(a)）搭建液压传动系统（图 23-5(b)）。

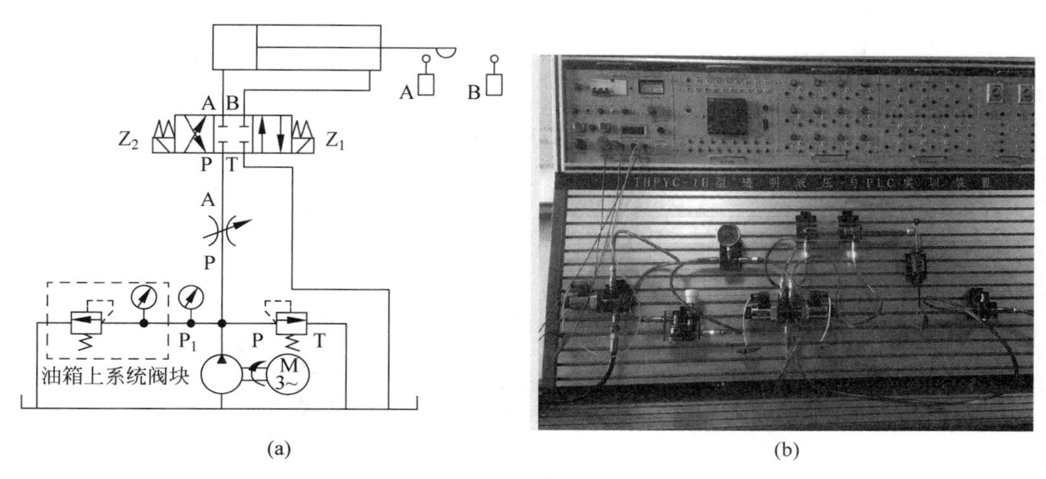

图 23-5　液压传动系统图

(a) 液压传动系统图；(b) 液压传动系统

（3）分析液压传动系统图各零部件作用及工作状态。

2）搭建开关控制电路

（1）根据该实验接线图（图 23-6）搭建电磁阀控制开关电路，实现三位四通电磁阀的双向运动控制。

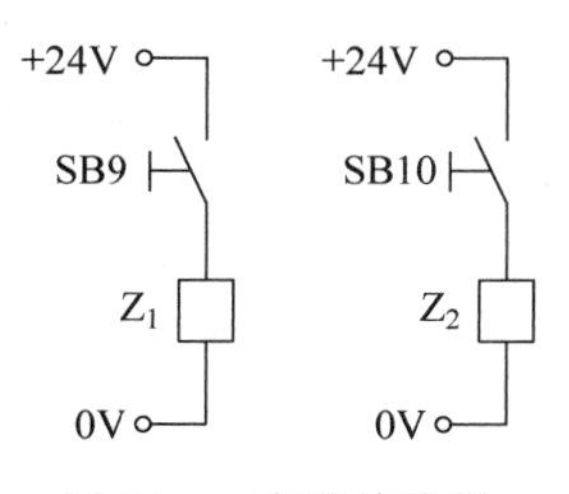

图 23-6　实验接线图

（2）进行手动控制试验，观察三位四通电磁阀的工作原理。

（3）调节调速阀，查看液压缸的运动速度变化情况。

（4）调节溢流阀，观察液压油表的压力变化情况。

3）搭建 PLC 控制电路

（1）掌握给出的 PLC 程序的工作原理（手动控制液压缸往复运动和液压缸自动往复运动），读懂 PLC 程序梯形图（图 23-7）。

（2）根据给出的 PLC 外部接线图（图 23-8(a)）搭建 PLC 外围电路（图 23-8(b)）。

（3）使用万用表检查搭建的电路，尤其防止电源短路情况。

（4）进行手动控制液压缸往复运动试验，观察三位四通电磁阀工作现象，了解其工作原理。结合 PLC 程序观察 PLC 的输入、输出（IO）接口的输入、输出状态及输入、输出的逻辑

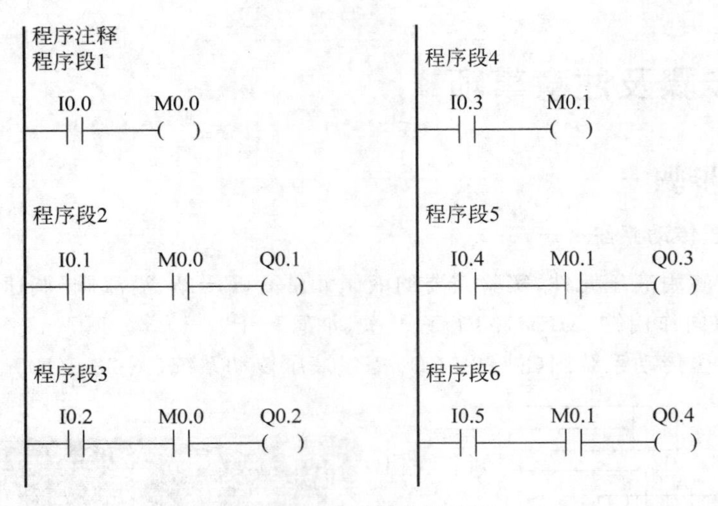

图 23-7　PLC 程序梯形图

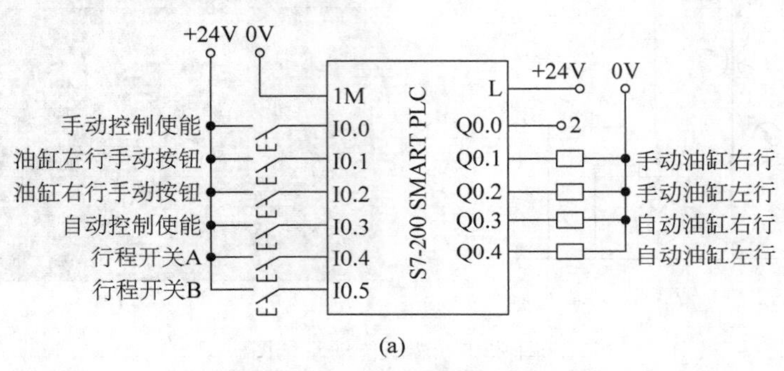

(a)

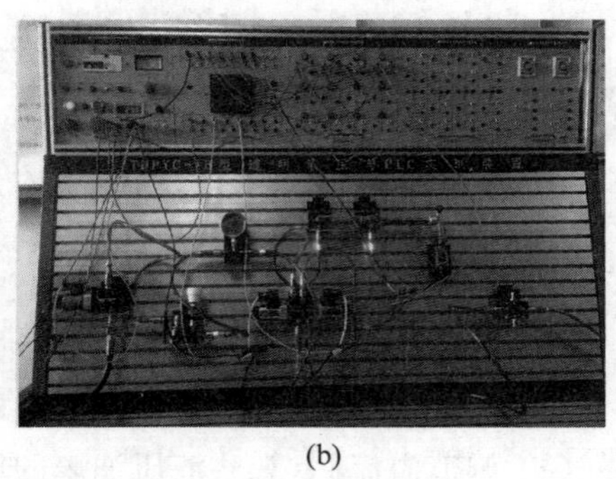

(b)

图 23-8　PLC 外围电路图

(a) PLC 外部接线图；(b) PLC 外围电路

关系。

(5) 进行自动控制液压缸往复运动试验，使用万用表测量三位四通电磁阀作用电压和工作原理。

2. 注意事项

(1) 实验前，检查设备并穿戴好防护服装，佩戴护目镜，穿好防护鞋。

(2) 检查透明液压元器件是否有明显裂纹,部件是否齐全。
(3) 液压系统油路接头一定要卡紧,防止液压泵启动后液压油溅射。
(4) 连接控制电路时保证电源处于关闭状态。
(5) 液压系统控制电路连接完成后认真检查,尤其是防止电源短路。
(6) 实验结束后关闭控制系统电源和液压泵,然后拆卸液压油路和控制电路。

六、实验数据处理及分析

(1) 简述液压系统的基本构成。
(2) 简述实验目的和步骤。
(3) 画简图描述三位四通电磁阀的工作原理。
(4) 列举你了解的液压系统的应用范例。

七、思考题

(1) 溢流阀的作用?油泵的工作压力由什么决定?
(2) 方向阀在系统中的作用?为什么方向阀中位时,系统没有压力(压力值很小,主要是管道损失)?
(3) 节流阀在系统中的作用?改变节流阀的开度,为什么油缸会变速?
(4) 活塞杆运动时压力表显示低压?到底后压力高,这是什么原因导致的?

参考文献

周小鹏,丁又青. 液压传动与控制[M]. 重庆:重庆大学出版社,2017.

实验二十四

材料成型检测技术实验

一、实验目的

（1）了解光敏电阻的光照特性和伏安特性等基本特性。

（2）了解热电偶的温度特性与应用。

（3）了解应变式传感器的应用及电路标定。

二、实验设备及材料

开放式传感器实验箱、K 型热电偶、热源、温度计、应变式传感器、1 盒砝码、连接线若干、万用表。

三、原理概述

1. 光敏电阻实验

光敏电阻是用硫化镉或硒化镉等半导体材料制成的特殊电阻器，表面涂有防潮树脂，具有光电导效应。光敏电阻的工作原理是基于内光电效应，即在半导体的光敏材料两端装上电极引线并将其封装在带有透明窗的管壳，就构成光敏电阻。为了增加灵敏度，常将两电极做成梳状。

光敏电阻在一定的外加电压下，当有光照耀时，流过的电流称为光电流，外加电压与光电流之比称为亮电阻，常用“100lx”标示，亮电阻值可小至 1kΩ 以下；光敏电阻在一定的外加电压下，当没有光照耀时，流过的电流称为暗电流，外加电压与暗电流之比称为暗电阻，常用“0lx”标明，暗电阻一般可达 1.5MΩ。

光敏电阻的灵敏度指光敏电阻不受到光照时的电阻值（暗阻）和受到光照时的电阻值（亮阻）的相对变化值。光敏电阻的暗阻和亮阻的阻值之比约为 1500∶1，暗阻值越大越好，使用时给其施加直流或交流偏压。MG 型光敏电阻适用于可见光，主要用于各种自动控制电路、光电计数、光电跟踪、光控电灯、照相机的自动曝光及彩色电视机的亮度自动控制电路等场合。

光照特性指光敏电阻输出的电信号随光照度而改动的特性。从光敏电阻的光照特性曲线能够看出：随着光照强度的增加，光敏电阻的阻值开端活络度下降；若进一步增大光照强度，则电阻值改动减小，然后光照特性曲线逐步趋向峻峭。在大多数状况下，光照特性为非线性。伏安特性曲线用来描绘光敏电阻的外加电压与光电流的联络，对于光敏器材来说，其光电流随外加电压的增大而增大。光敏电阻的光电效应受温度的影响较大，有些光敏电阻在低温下的光电活络度较高，而在高温下的活络度较低。

2. K 型热电偶的特性及温度测量

热电偶是一种感温元件，是一次仪表，它直接测量温度，并把温度信号转换成热电动势信号，通过电气仪表（二次仪表）转换成被测介质的温度。K 型热电偶的基本原理是两种不同成分的均质导体组成闭合回路，当两端存在温度梯度时，回路中就会有电流通过，此时两端之间就存在电动势——热电动势，这就是所谓的塞贝克效应。两种不同成分的均质导体为热电极，温度较高的一端为工作端，温度较低的一端为自由端，自由端通常处于某个恒定的温度。根据热电动势与温度的函数关系，制成热电偶分度表；分度表是自由端的温度在 0℃时的条件下得到的，不同的热电偶具有不同的分度表。

在 K 型热电偶回路中接入第三种金属材料，只要该材料两个接点的温度相同，热电偶产生的热电势保持不变，即不受第三种金属材料接入回路中的影响。因此在热电偶测温时，可接入测量仪表，测得热电动势，即可知道被测介质的温度。

在常温环境下通过计算，可以近似的用以下公式来计算电压与温度的对应变化：

$$V_0 = 0.040762 \times T - 0.011550 \tag{24-1}$$

式中，V_0 为输出的电压值（mV），T 为当前温度（℃）。

热电偶的输出电动势也可以通过 K 型热电偶分度表（表 24-1）来查询，查询方法如下。

表 24-1　部分温度区间的 K 型热电偶分度表

温度/℃	0	1	2	3	4	5	6	7	8	9
0	0	0.039	0.079	0.119	0.158	0.198	0.238	0.277	0.317	0.357
10	0.397	0.437	0.477	0.517	0.557	0.597	0.637	0.677	0.718	0.758
20	0.798	0.838	0.879	0.919	0.96	1.000	1.041	1.081	1.122	1.162
30	1.203	1.244	1.285	1.325	1.366	1.407	1.448	1.489	1.529	1.57
40	1.611	1.652	1.693	1.734	1.776	1.817	1.858	1.899	1.94	1.981
50	2.022	2.064	2.105	2.146	2.188	2.229	2.27	2.312	2.353	2.394
60	2.436	2.477	2.519	2.56	2.601	2.643	2.684	2.726	2.767	2.809
70	2.85	2.892	2.933	2.875	3.016	3.058	3.1	3.141	3.183	3.224
80	3.266	3.307	3.349	3.39	3.432	3.473	3.515	3.556	3.598	3.639
90	3.681	3.722	3.764	3.805	3.847	3.888	3.93	3.971	4.012	4.054

注：参考端温度为 0℃。

(1) 左边第一列和最上边的一行是温度（℃），其他的是电动势（mV）。举个例子：若电动势是 2.27mV，那么就在表上找到 2.27 所在的格子，则这个格子所在行和列的第一格的温度为 50℃和 6℃，将其相加就是 56℃，即 K 型热电偶在 56℃时电动势为 2.27mV。

(2) 如果是负温度的话，则加绝对值，例如"－59℃"对应的是"－50"与个位数字"9"，即意味着 K 型热电偶在－59℃时电动势是－2.208mV。

由于热电偶输出的电压为毫伏级别，无法用万用表直接测量，因此需要对热电偶输出的电压进行放大处理，K 型热电偶的放大电路如图 24-1 所示。

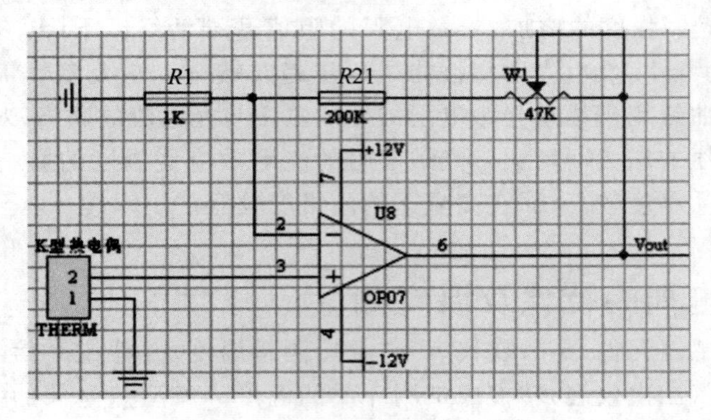

图 24-1　K 型热电偶放大电路

将 K 型热电偶靠近热源，调节 W1 电位器，使运放输出电压满足放大要求，输出电压随温度有明显的变化。

此处的电阻选择理由为：如果 V_{out} 输出的值与温度对应的关系为式(24-2)，假定 50℃ 时，输出的值为 500mV，则在放大器趋于理想的情况下，有 500mV/2.022mV＝247。根据同相放大器的放大倍数计算公式：

$$V_{\text{out}}=V_{\text{in}}\left(1+\frac{R2}{R1}\right) \tag{24-2}$$

可得出，图 24-1 中 $R1=1\text{K}$，$R2=R21+W1$ 约为 247K。考虑其他的外部影响及 K 型热电偶的线性，$R2$ 取 247K。

如果实验室不具备热源，可以用如下方法来得到实验现象。先获取当前实验室的环境温度(如用温度计获取)，调节电位器，让输出端 V_{out} 得到一个典型电压值(代表实验室温度作为参考)，用体温或是加热过后的其他介质，将 K 型热电偶的探头放置其中，测量 V_{out} 端电压，计算出其温度，并与其他类型的温度计对比。

3. 全桥称重实验

应变式压力传感器包括两个部分：一个是弹性敏感元件，利用它将被测物理量(如力、扭矩、加速度、压力等)转换为弹性体的应变值；另一个是应变片作为转换元件，将应变转换为电阻的变化。当压力作用在薄板的承压面上时，薄板变形，粘贴在另一面的电阻应变片随之变形，并改变阻值。这时测量电路中电桥平衡被破坏，产生输出电压，如图 24-2 所示。

直流电桥的基本形式的电路示意图如图 24-3 所示。$R1$、$R2$、$R3$、$R4$ 为电桥的桥臂电阻，RL 为其负载(可以是测量仪表内阻或其他负载)。R_1、R_2、R_3、R_4、R_L 分别为 $R1$、$R2$、$R3$、$R4$、RL 的电阻值，V_O 为电桥的输出电压，E 为电源的电动势。

当 $R_L\to\infty$ 时，电桥的输出电压 V_O 应为

$$V_O=E\left(\frac{R_2}{R_1+R_2}+\frac{R_4}{R_3+R_4}\right) \tag{24-3}$$

当电桥平衡时，$V_O=0$，由上式可得到 $R_1\times R_4=R_2\times R_3$。

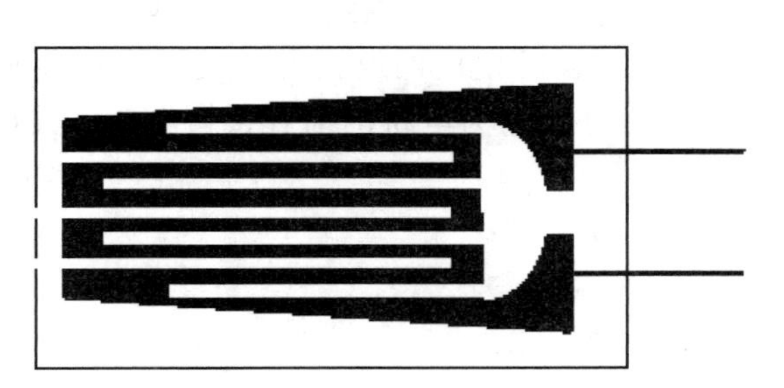

图 24-2　金属箔式应变片

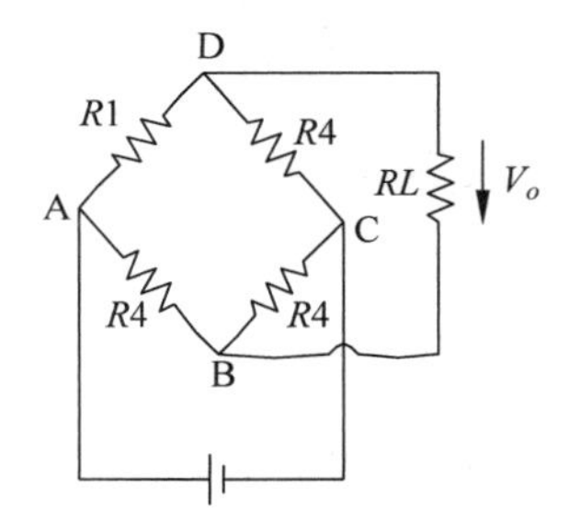

图 24-3　直流电桥的电路示意图

当式(24-3)中直流电桥的四臂均为传感器时，则构成全桥差动电路。若满足 $\Delta R_1=\Delta R_2=\Delta R_3=\Delta R_4$，则输出电压和灵敏度为

$$V_O=E\,\frac{\Delta R_2}{R_2} \tag{24-4}$$

$$S_V=E \tag{24-5}$$

由此可知，全桥式直流电桥的输出电压和灵敏度是单臂直流电桥的4倍，是半桥式直流电桥的2倍。

压力传感器的测量电路由两部分组成。前一部分是采用3个运算放大器(简称运放)构成的仪表放大电路(图 24-4)，后一部分的反相比例放大电路(图 24-5)将仪表放大器的输出

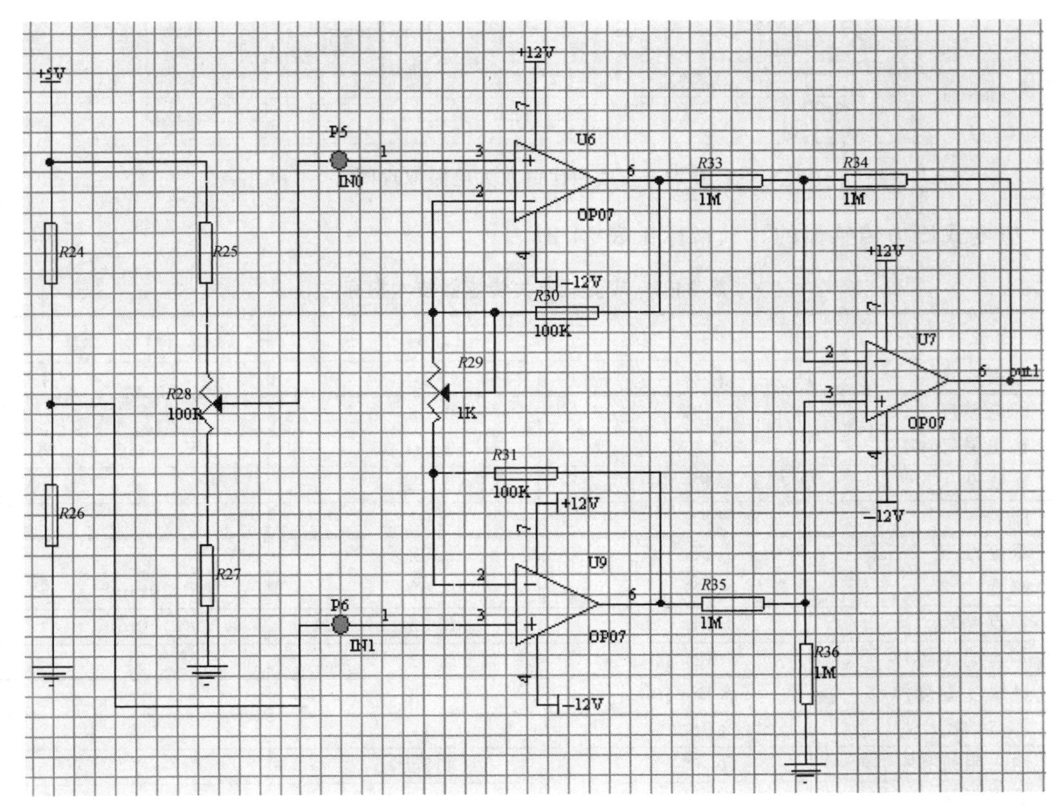

图 24-4　仪表放大电路原理图

电压进一步放大。R28 是电桥的调零电阻，R42 是整个放大电路的调零电阻，R29 是前一级仪表放大器的运放增益调节电阻，R40 是后一级反相比例放大电路的运放增益调节电阻。仪表放大器因为输入阻抗高、共模抑制能力好而作为电桥的前置接口电路。其增益可用下式表示：

$$A=1+\frac{2R_{30}}{R_{29}} \tag{24-6}$$

式中，R_{29} 为 R29 的电阻值，R_{30} 为 R30 的电阻值。

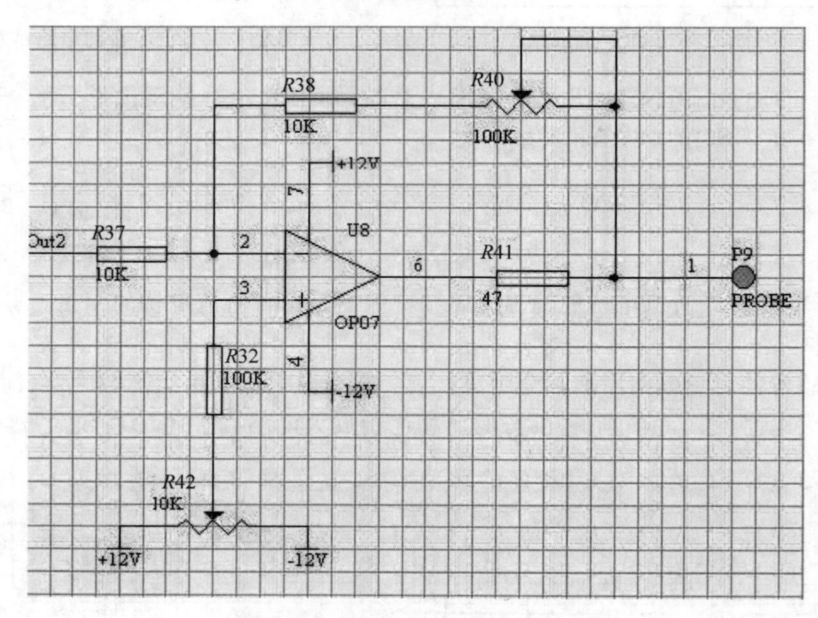

图 24-5 反相比例放大电路原理图

应变式压力传感器的技术指标见表 24-2。

表 24-2 应变式压力传感器技术指标

规格	单位	技术指标	备注
量程	kg	5	
综合精度	%FS	0.03	
输出灵敏度	mV/V	2±0.05	
非线性	%FS	0.02	
滞后	%FS	0.02	
重复性	%FS	0.02	
蠕变	%FS	0.02	30min
零点漂移	%FS	0.02	120min
零点温度漂移	%FS/10℃	0.02	
灵敏度温度漂移	%FS/10℃	0.02	
零点输出	%FS	±1	
输入阻抗	Ω	415±15	
输出阻抗	Ω	350±3	

续表

规　　格	单　　位	技 术 指 标	备　　注
绝缘阻抗	MΩ	≥5000	50VDC
推荐激励电压	V(DC/AC)	10	
最大激励电压	V(DC/AC)	15	
补偿温度范围	℃	－10～40	
工作温度	℃	－20～60	
安全超载	%FS	150	
极限载荷	%FS	300	

四、实验方法及步骤

1. 光敏电阻实验

(1) 根据图 24-6 用连接线在实验箱上搭建光源电路，利用 100K 电位器调节高亮 LED 发光管的亮度，接通电源。调节电位器，观察 LED 发光管的亮度变化情况。

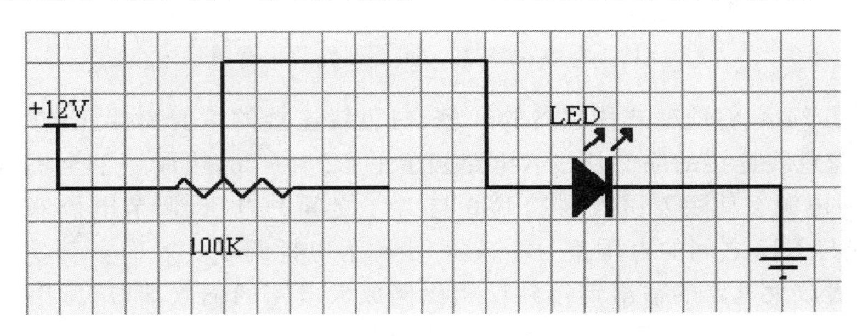

图 24-6　光源电路

(2) 根据图 24-7 在实验箱上连接好电路(光敏电阻无极性)，检测无误后打开电源。

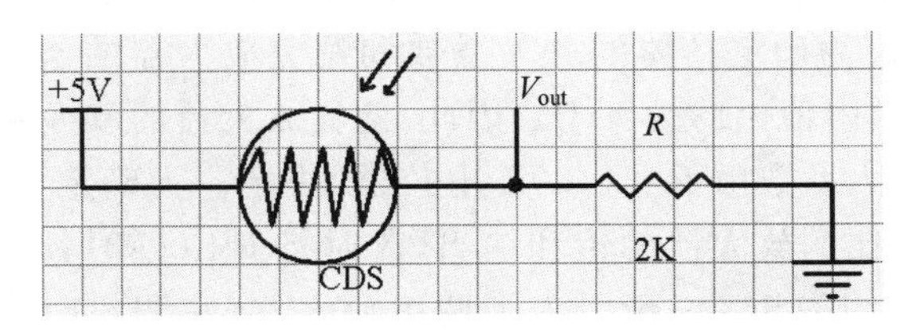

图 24-7　光敏电阻测量电路

(3) 拔掉＋5V 连接线，测量电阻值(**通电状态时不能用万用表测试电阻值，易损坏万用表**)。

(4) 再接入＋5V 连接线，测量此时 V_{out} 电压值，将测量数据记录下来。

2. K 型热电偶的特性及温度测量

(1) 按照原理图(图 24-6)，用连接线搭建电路，仔细检查接线，确保无误。

(2) 将 K 型热电偶靠近热源，调节 W1 电位器，使运放输出电压满足放大要求，输出电压随温度有明显的变化。

(3) 调节热源温度,用万用表测量 V_{out} 端电压值,并将当前热源温度也记录下来。

3. 全桥称重实验

(1) 根据图 24-8,传感器中各应变片上的 $R1$、$R2$、$R3$、$R4$ 接线颜色分别为绿色、黑色、红色、蓝色(备注:以上引线颜色以有插针的一端颜色为准),可用万用表测量同一种颜色的两端来判别,其中 $R_1=R_2=R_3=R_4\approx350\Omega$。

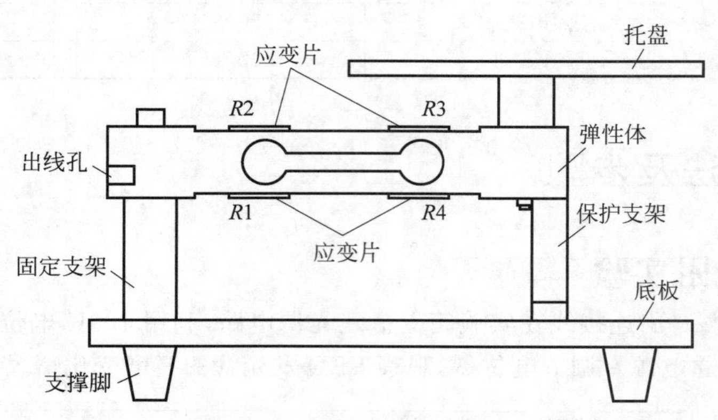

图 24-8 应变式压力传感器安装示意图

(2) 根据图 24-4,将应变式传感器的红色、白色线连接的应变片接入电路板上的 $R24$、$R27$,将黄色、蓝色线连接的应变片接入电路板上的 $R25$、$R26$,构成一个全桥电路。检查接线无误后,接通电源。使用万用表测量 IN0 与 IN1 之间的电压,调节电位器 $R28$(100R 电位器),使 IN0 与 IN1 之间的电压差为零,这一步称为电桥调零。

(3) 将仪表放大电路的输出端接到反相比例放大电路的输入端,用万用表测反相比例放大电路的输出端电压。根据仪表放大电路的增益计算公式(24-6),可以知道,在前级由 3 个运放组成的放大器中,由于 $R30$ 已经固定,放大器的放大系数由 $R29$(1K 电位器)决定,当 $R29$ 趋于 0 时,放大系数最大。这时放大器的输出电压约为电源电压(其极性取决于 IN0 与 IN1 的电位差极性)。为确定具体的放大系数和避免放大器的饱和输出,这里可以先将 $R29$ 逆时针调节至顶,其阻值大约为 1kΩ。因此,前置放大器的放大系数约为 201。后级的反相比例放大电路的放大系数由 $R40$(100K 电位器)决定。为确定反相比例放大器的具体的放大系数和避免反相比例放大器的饱和输出,此时将 $R40$ 逆时针调节至顶,其阻值大约为 0Ω,后级的放大系数约为 1。由于引入了两级放大器,在调整时,增加了不确定性。因此,在调节之初,先将前级的电位器调整到最大,后级的电位器调整至最小,以固定两级的放大系数。

(4) 直接使用万用表测量反相比例放大电路的输出端电压。调节 $R42$(10K 电位器),使输出电压为零,称为输出调零。

(5) 完成以上步骤后,整个电桥电路完成了初始调整工作,可以进行下一步的称重实验。放置 100g 砝码到桥臂托盘,观察电压的变化量。如果电压变化量非常小,那么先顺时针调节电位器 $R40$,改变后级放大电路的增益(放大系数),使变化量在 200mV 左右即可。请注意,当改变 $R40$ 的阻值时,$R42$ 的阻值也要再次调整,才能满足反相比例放大电路输出为零的要求。如果调整 $R40$ 的阻值,输出的电压变化量仍然满足不了要求,将 $R40$ 顺时针调节至顶，再调节 $R29$，使输出电压的变化达到要求。请注意，当改变 $R29$ 的阻值时，$R42$ 的阻值也要再次调整，才能满足反相比例放大电路输出为零的要求。调节的 $R29$、$R40$ 值固定不变，方便跟后面的实验数据进行比较。

具体的调节思路：先固定两级，如不满足要求，调节后级；仍不满足，固定后级至最大，调节前级。

(6) 重复实验步骤(3)，调节电位器 $R40$，改变 100g 砝码对应的电压变化量的值，比如 Δ200mV/Δ100g，Δ500mV/Δ100g，Δ2V/Δ100g。充分理解各个电位器在电路中的作用。

由于电桥与电路板之间的连接采用的是插线方式，若不仔细操作，容易引起接触不良，具体表现为电桥无法调零。其原因是电桥与电路板之间的接触电阻影响了电桥平衡。如无法调零，请着重检查电桥与电路板之间的连接。

电路板上的电位器采用的都是优质电位器，同一方向上即使反复拧也不容易损坏，因而造成了一种假象，认为电位器无法拧到最大值或最小值。当电位器拨动到一端的顶点时，它会发出“喀喀”的响声，表示电位值已经为最大值或最小值。

五、实验报告内容

(1) 记录光敏电阻的阻值和对应电压。

(2) 做出光敏电阻的电压随电阻变化的曲线图。

(3) 分析光敏电阻随光照强度的变化规律，验证光敏电阻是否满足伏安特性。

(4) 记录温度和对应电压。

(5) 做出温度特性曲线，验证温度与电压是否成线性关系。

(6) 分析温度随电压的变化规律，总结 K 型热电偶的温度特性。

(7) 记录全桥测量时输出电压和对应砝码的值。

(8) 做出测量电压与对应砝码的曲线，验证电压与质量是否成线性关系。

实验二十五

热冲压零件成形仿真分析

一、实验目的

（1）巩固所学的冲压理论知识，了解板料成形的新技术。

（2）在学习有限元理论基础知识的基础上，了解使用软件 DYNAFORM 进行板料成形 CAE 分析的基本操作方法，初步具备利用该软件分析板料成形实际工程问题的能力。

二、实验设备

计算机、DYNAFORM 模拟软件。

三、实验原理

1. DYNAFORM 模拟软件简介

DYNAFORM 是一款为冲压产品及模具开发提供 CAE 整体解决方案的软件。它包含以下几大功能模块：板料尺寸工程、成形仿真、回弹及回弹补偿、板料尺寸、切边线优化、管成形、弯管及液压胀形、体积成形、热成形、冲模系统分析。DYNAFORM 能够对冲压成形过程进行全面的仿真分析，适用于多种设备。冲压行业所需的基本上都能在 DYNAFORM 中找到相应的模型支撑。

本实验主要对热成形部分开展实验，热成形实验主要用到以下功能模块。

eta/DYNAFORM：软件包的预处理器部分，用于建立板料成形有限元模型。

LS-DYNA：软件包的求解器。

eta/POST：软件包的后处理部分，用于对 LS-DYNA 结果文件进行后处理。

eta/3DPlayer：可以从结果文件中创建云图、变形图、成形极限图（forming limit

diagram,FLD)、应力应变分布及动画等。

DYNAFORM 进行数值模拟的一般流程如图 25-1 所示。

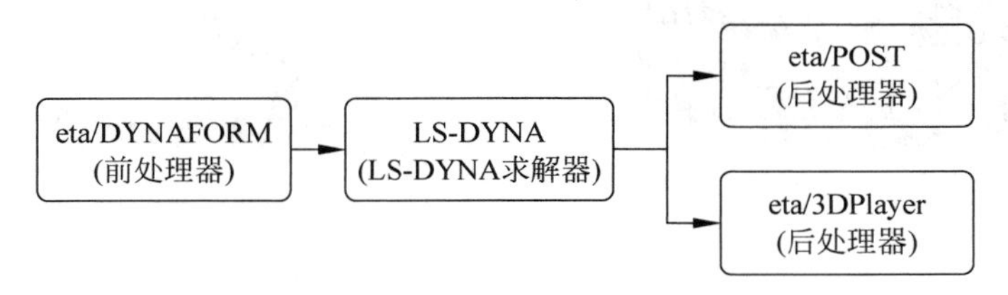

图 25-1　DYNAFORM 数值模拟的一般流程

(1) 创建模型：在 UG、CATIA、PRO/E 等三维 CAD 软件中创建板料及凸模、凹模、压边圈等工具的型面模型，保存为 igs、stl、dxf 等文件格式。

(2) 读入工具及板料的几何模型，进行网格划分，检查并修正网格缺陷(包括单元法矢量、边界、负角、重叠单元和节点等)。

(3) 定义板料、凸模、凹模和压边圈的属性及相应的工艺参数(包括接触类型、摩擦系数、运动速度和压边力曲线等)。

(4) 调整板料及各工具间的相互位置，确保模具动作的正确性。

(5) 设置分析控制参数，提交求解器计算。

(6) 将求解结果读入后在处理器中进行结果分析。

2. 实验仿真模型

制件简图如图 25-2 所示。板厚 1.5mm。板料材料有结构材料模型 BlankMat244、热材料模型 BlankMat_hot、模具材料 ToolMat_hot。

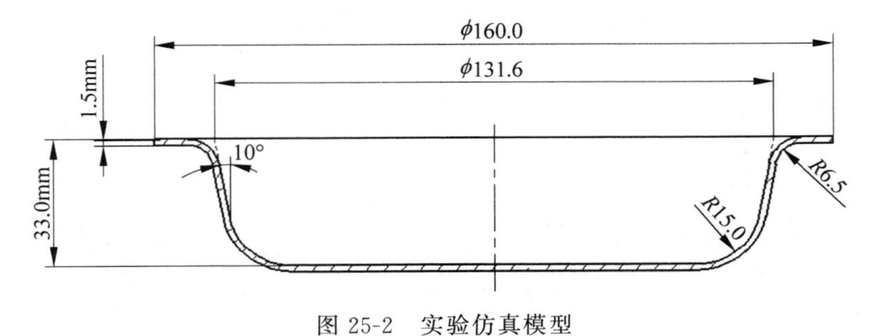

图 25-2　实验仿真模型

四、实验方法及步骤

1. 创建三维模型

在三维 CAD 软件中绘制凸模面、凹模面、压边圈面及零件实体模型，以“*.igs”格式分别保存，其中凸模和凹模的模型如图 25-3 所示，压力圈的模型如图 25-4 所示。

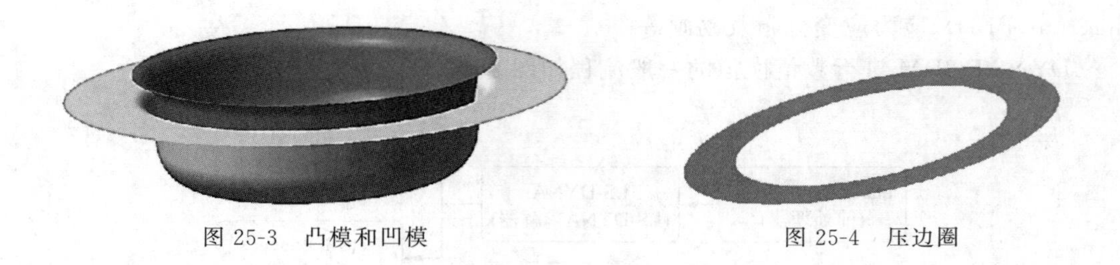

图 25-3　凸模和凹模　　　　图 25-4　压边圈

2. 新建和保存数据库

启动 DYNAFORM 软件后，程序自动创建默认的空数据库文件"untitled. df"，选择"File/Save as"菜单项，改数据库名称为"hot forming. df"并保存。

3. 坯料尺寸估算

1）导入零件模型

单击"File/Import"按钮，选择零件模型文件，单击"确定"或"导入"按钮，此时系统为零件自动建立一个新零件层，如图 25-5 所示。

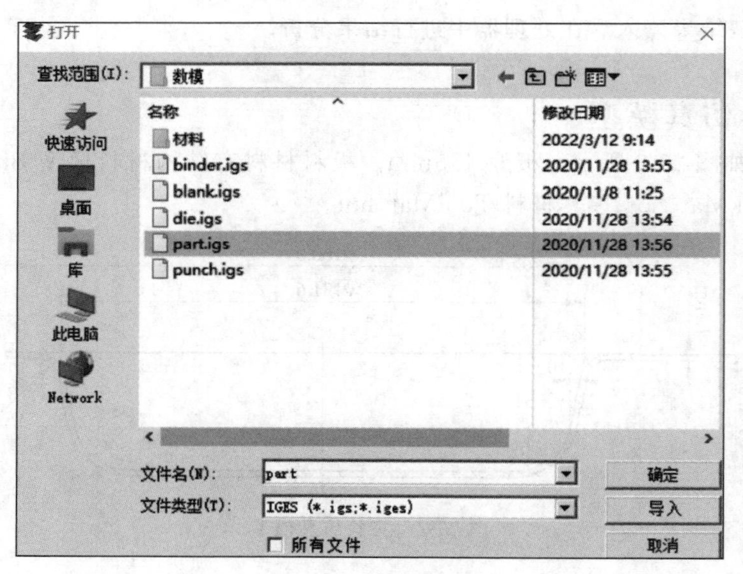

图 25-5　零件导入

2）抽取中间面

单击"UserSetup"菜单，在预处理模块"Preprocess"中（图 25-6），单击"Surf"下的"Generate Middle Surface"按钮以抽取零件的中间面，此时弹出选择对话窗（图 25-7），提示选择要抽取中间面的面。

如图 25-7 所示，可单击"Part"按钮，以零件名选择要抽取的中间层的零件，或者单击"Displayed Surf"按钮选择窗口当前显示的面，单击"OK"按钮确认。

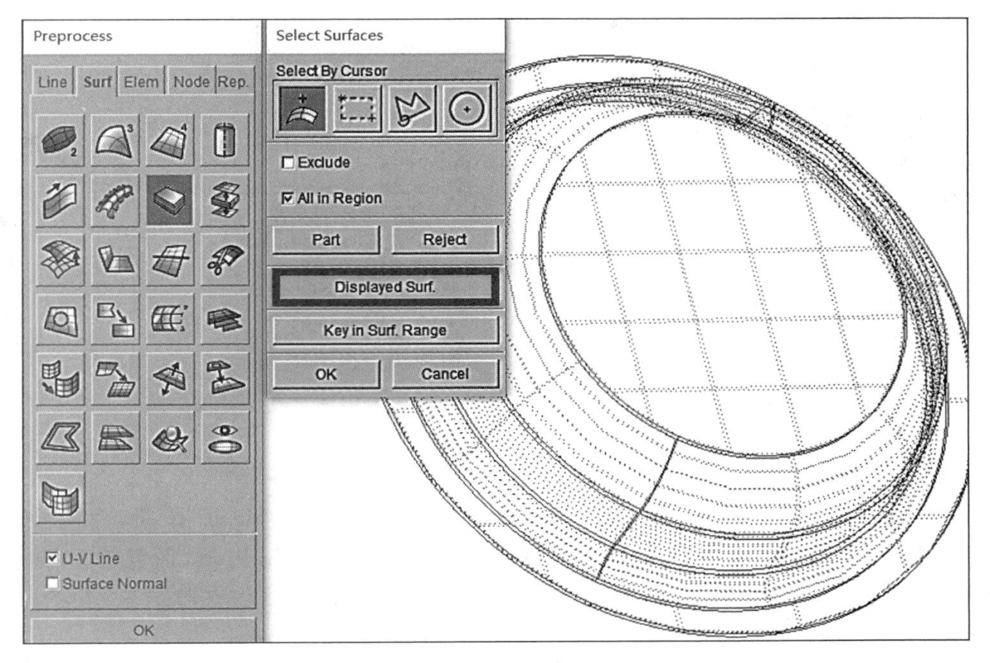

图 25-6　前处理抽取中间面工具

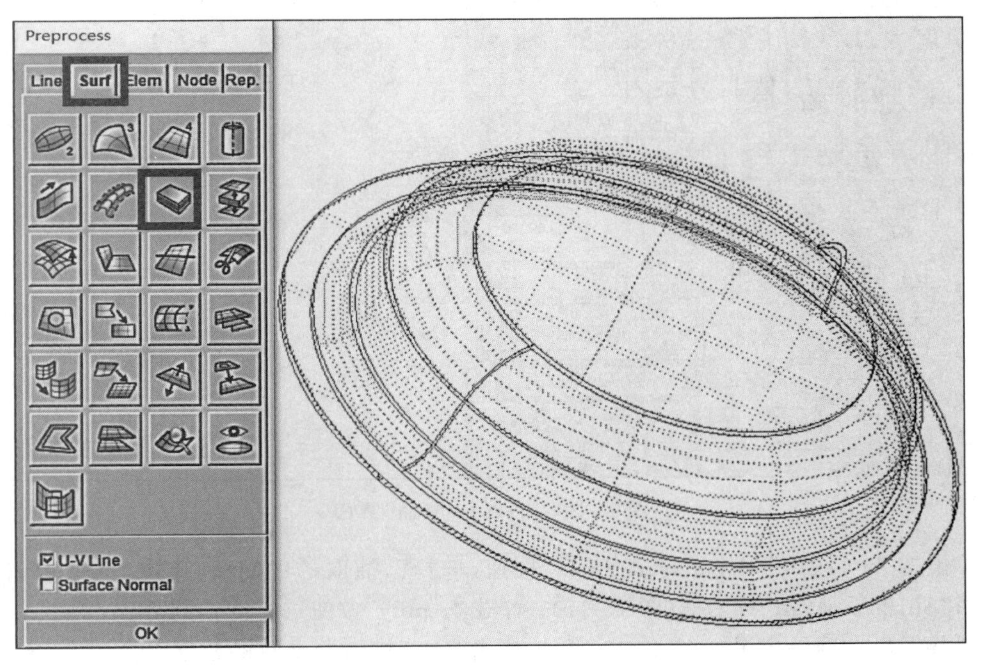

图 25-7　曲面选择对话框

单击图 25-9 中的“Toggle On/Off Other Part”选项，以隐藏其他部分而只保留抽取的中间面(图 25-8)。单击“DONE”按钮，这时自动生成一个 MIDSRF01 零件层，如图 25-9 所示。

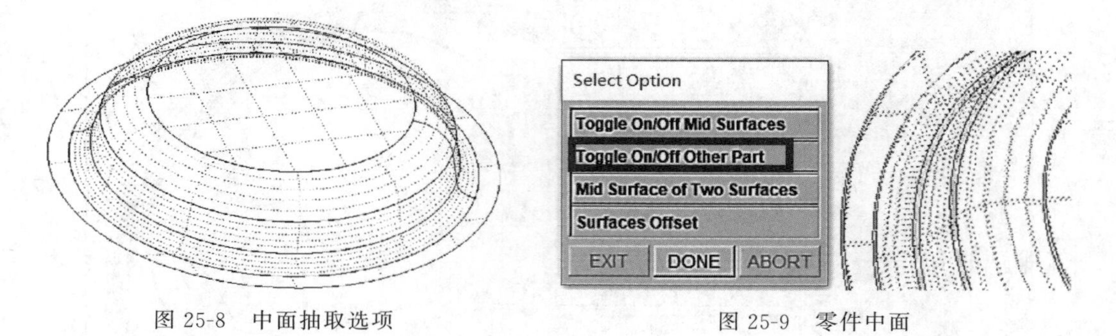

图 25-8　中面抽取选项　　　　图 25-9　零件中面

3）划分网格

单击“UserSetup/Preprocess”菜单中“Elem”下的“Surface Mesh”按钮，弹出“Surface Mesh”界面(图 25-10)。在“Mesher”下拉菜单中选择“Part Mesh”选项，设置单元尺寸及其他网格划分设置。单击“Select Surfaces”按钮弹出选择对话框(图 25-11)。

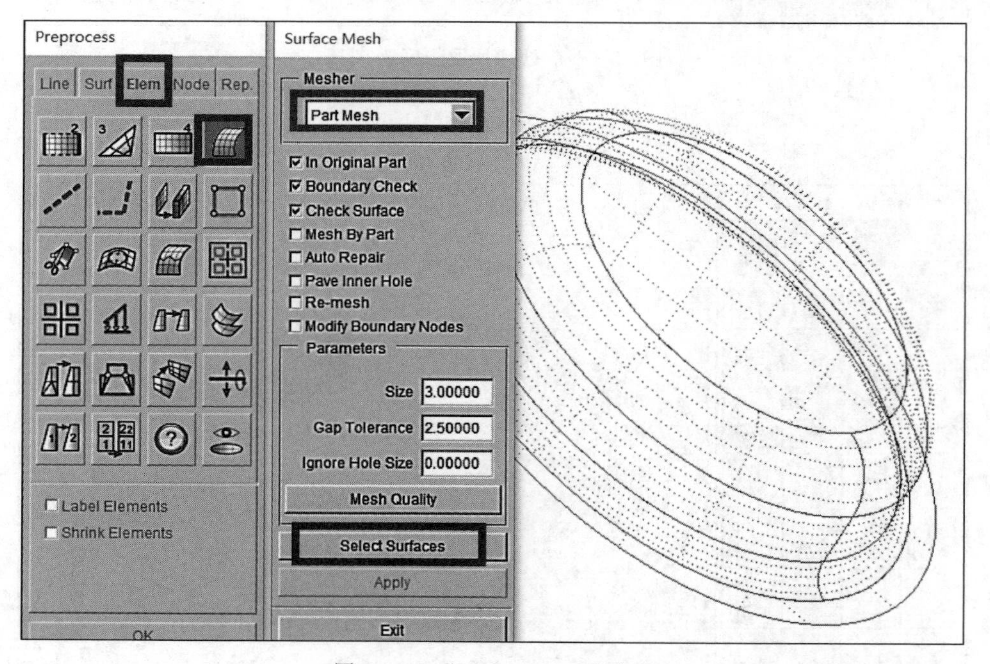

图 25-10　“Surface Mesh”界面

单击图 25-11 中的“Displayed Surf.”按钮，选择已抽取的中间面，单击“OK”按钮确认后返回“Surface Mesh”对话框(图 25-12)。单击“Apply”按钮进行网格划分。

划分后显示网格质量如图 25-13 所示，单击“OK”按钮接受网格划分质量。

网格划分后如图 25-14 所示，单击“Exit”按钮退出。

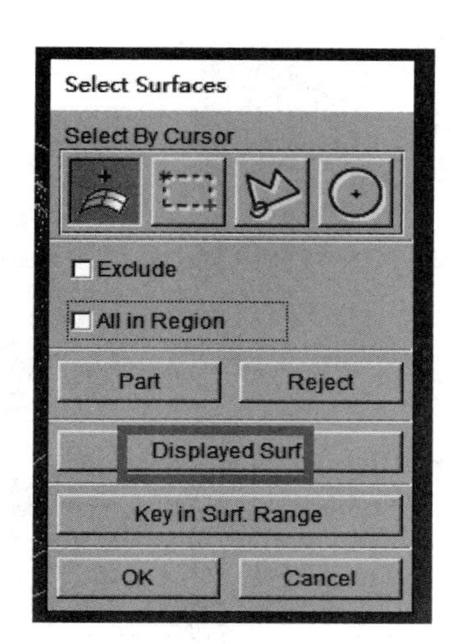

图 25-11　选择对话框

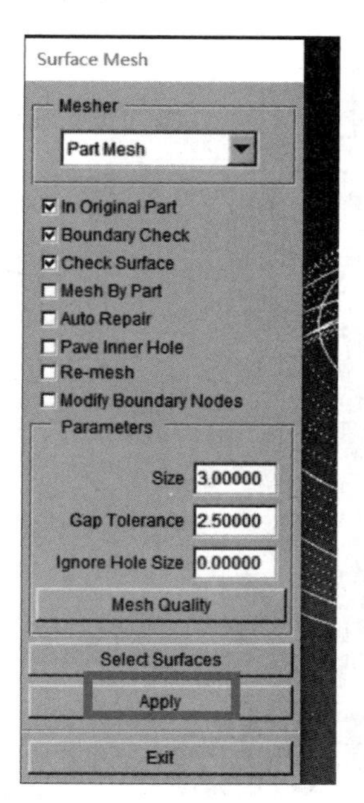

图 25-12　网格划分

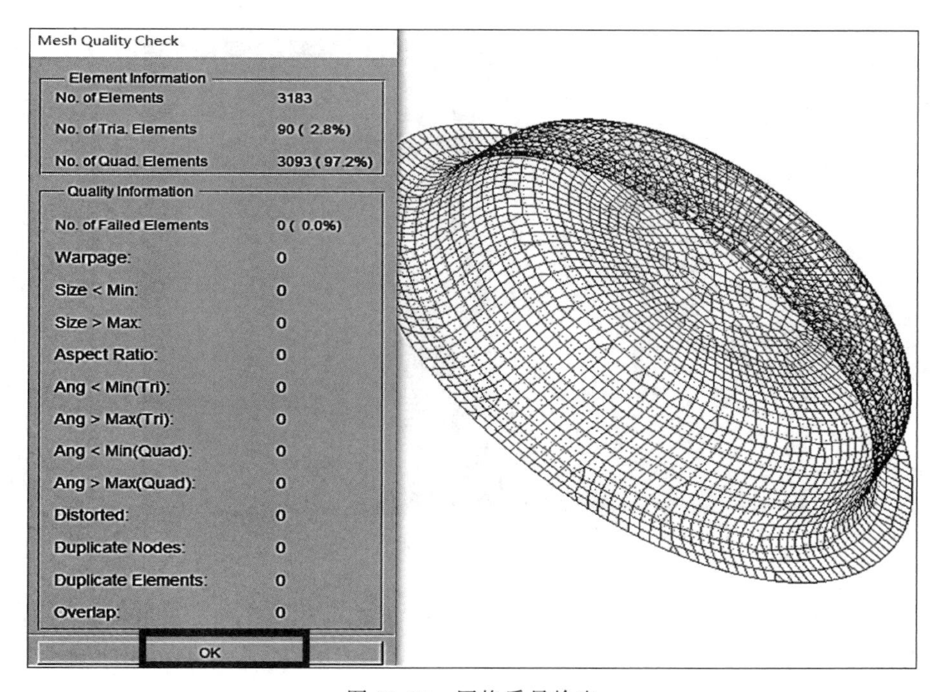

图 25-13　网格质量检查

4）坯料尺寸估算

进入“BSE”模块，选择“Blank Size Estimate”选项，弹出“Blank Size Estimate”对话框，如图 25-15 所示。求解器类型选择“MSTEP”选项，单击“Material”下方的“None”按钮输入材料，在“Thickness”中输入材料厚度，单击“Apply”按钮进行板坯尺寸的估算。

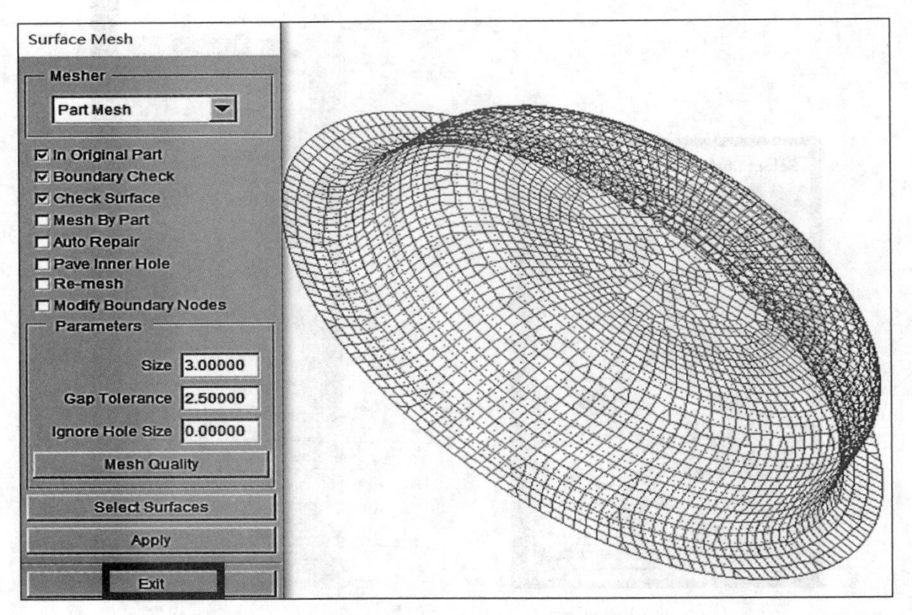

图 25-14　零件网格图

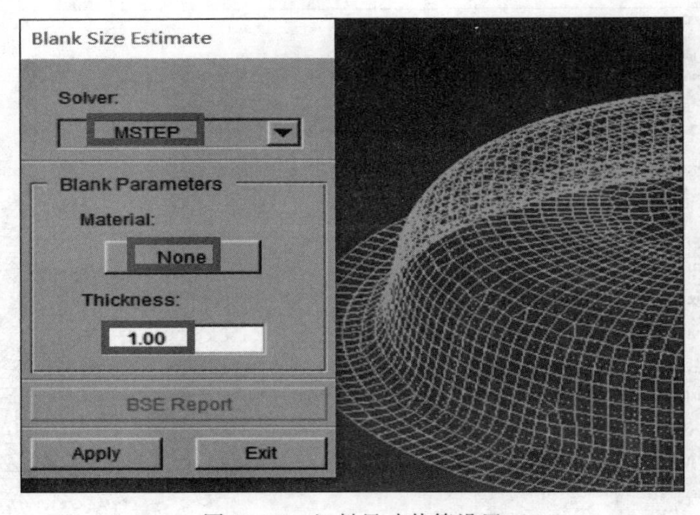

图 25-15　坯料尺寸估算设置

展开完成后,单击“Exit”按钮退出。此时生成一个“OUTLI000”零件层。展开后坯料轮廓如图 25-16 所示。

5）添加修边余量

在“UserSetup/Preprocess”菜单中,单击菜单项“Line”下的“Offset”按钮(图 25-17),弹出“Select Line”对话框(图 25-18)。

鼠标选取轮廓线,输入偏置数值“－4mm”作为修边余量,勾选“Delete Original Line”复选框删除原线条,单击“Apply”按钮,生成最终的板料轮廓,在模拟中将其作为板料使用,如图 25-19 所示。

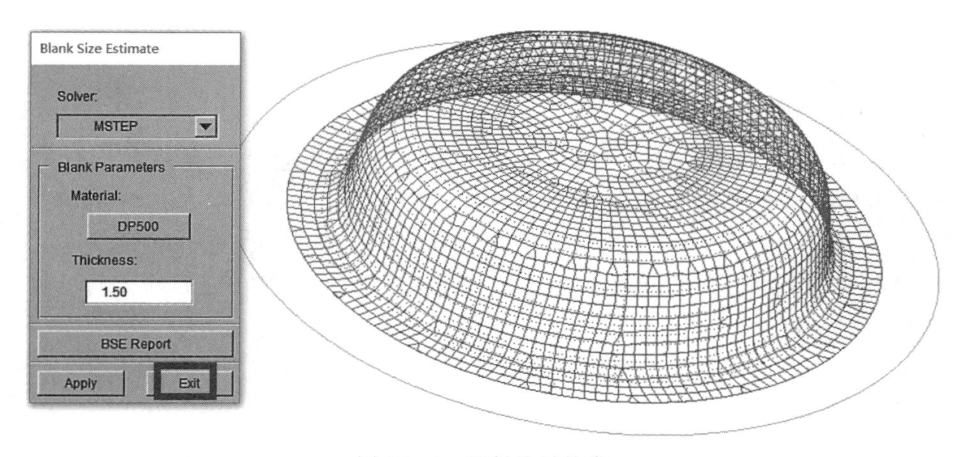

图 25-16　坯料边界轮廓

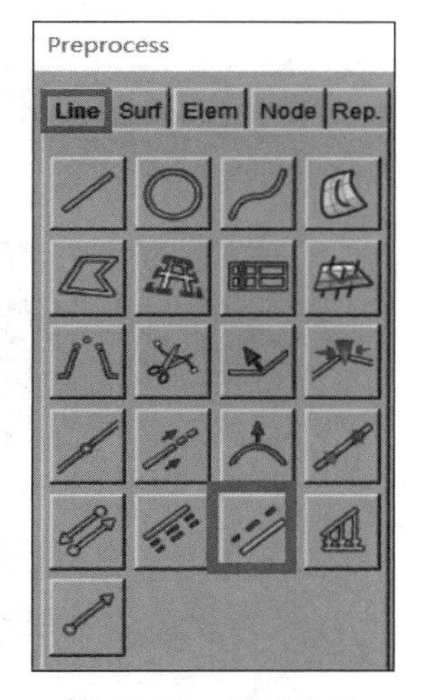

图 25-17　偏置曲线

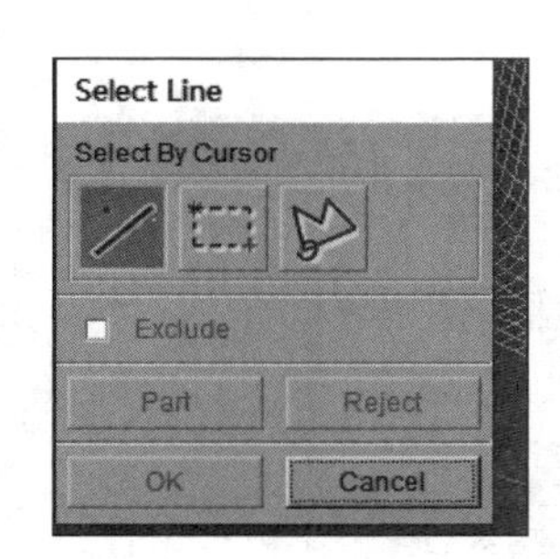

图 25-18　曲线选择窗口

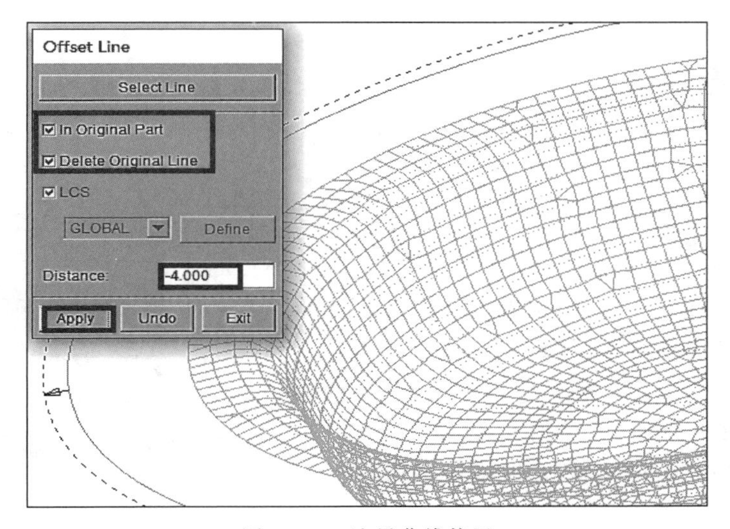

图 25-19　边界曲线偏置

至此已完成坯料的准备工作。

4. 工具模型导入

单击"File Import"按钮分别导入凹模、凸模、压边圈的模型文件。导入后可以使用"Edit Part"编辑命令为其重命名，界面如图 25-20 所示。填写名称后单击"Modify"按钮修改，这里修改凹模、凸模、压边圈的名称分别为"DIE""PUNCH"和"BINDER"。

工具模型导入后可以在预处理模块中进行网格划分，也可以在之后的自动设置中在定义工具和板料时进行。

为方便操作可单独显示某一零件层或仅显示需要操作的零件层。单击"Turn Part On/Off"按钮，可以打开或关闭零件层的显示，如图 25-21 所示。

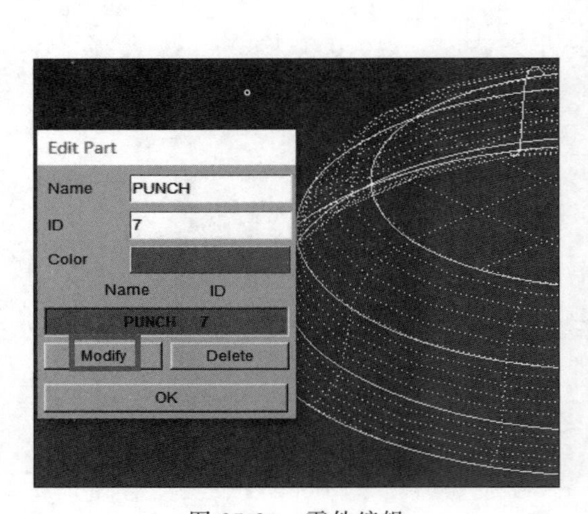

图 25-20 零件编辑

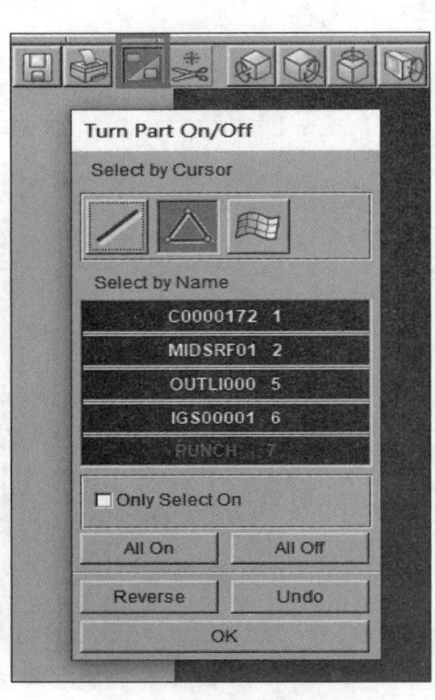

图 25-21 零件层显示与隐藏

5. 热成形设置

模拟设置方法有 3 种：AutoSetup、QuickSetup 和 UserSetup。本例使用 AutoSetup 进行模拟设置。

1）新建热成形设置

选择 AutoSetup 设置方式（图 25-22），单击"Hot Forming"菜单后新建一个新的热成形设置。弹出"New Hot Forming"设置界面，如图 25-23 所示。

输入材料厚度"1.5"，选择工艺类型为"Single action"（单动成形）。由于凸模、凹模均已导入，原始模面类型选择"Upper&Lower"选项。单击"OK"按钮进入热成形设置界面（图 25-24）。

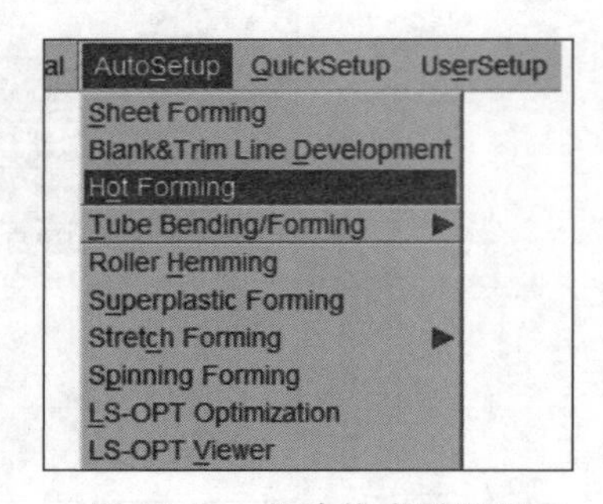

图 25-22 新建热成形设置

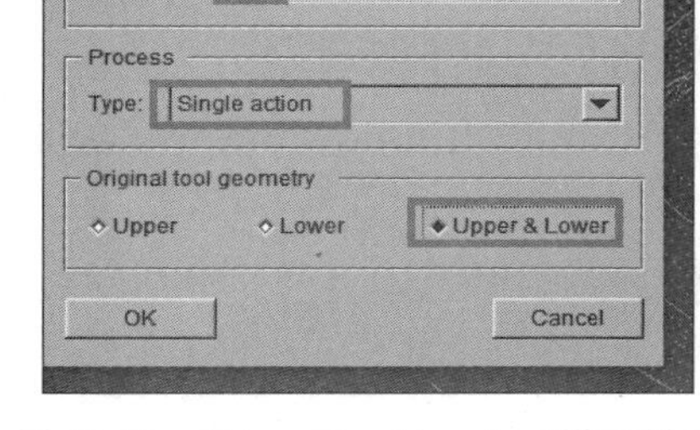

图 25-23　“New Hot Forming”设置界面

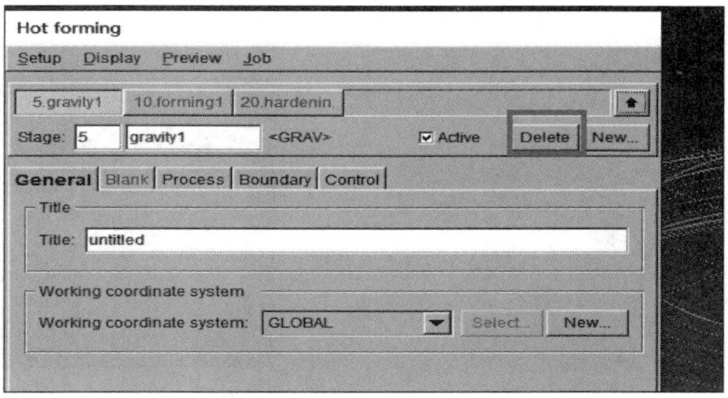

图 25-24　“Hot forming”设置界面

2）成形设置

如图 25-24 所示，进入一般设置项后自动生成 3 个工步：重力加载、成形和硬化。根据实际情况，可以单击图 25-24 中的上、下箭头按钮，然后单击“Delete”按钮删除重力加载工步。

（1）板料定义。

将以坯料尺寸估算得到的展开轮廓线作为板料。红色表示未完全定义。单击成形设置中的红色“Blank”标签，程序进入板料定义页面(图 25-25)。单击“Define geometry”按钮，出现“Blank generator”对话框(图 25-26)，单击“OutLine”按钮，单击“Select line”按钮进行选择，此时弹出选择对话窗(图 25-27)。

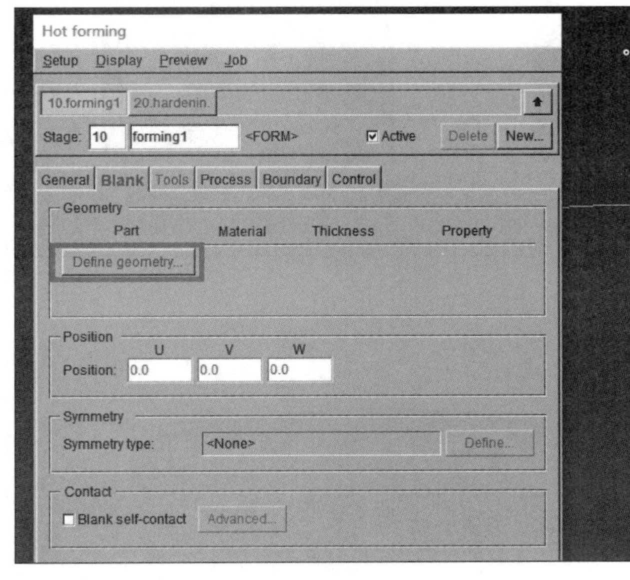

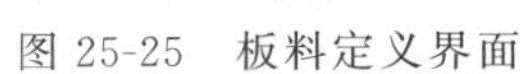
图 25-25　板料定义界面

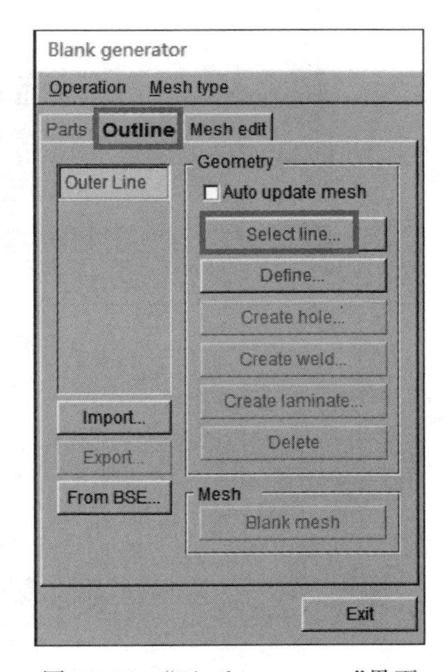

图 25-26　“Blank generator”界面

用鼠标选取轮廓线，单击“Blank Mesh”按钮为其划分板料网格，如图 25-28 所示。单击后弹出“Blank Mesh”对话框，如图 25-29 所示。

设置网格划分参数，单击“OK”按钮进行网格划分，程序自动生成一个名称为“blk”的零件层，可以为其重命名。划分后程序回到“Blank generator”对话框(图 25-30)，单击“Exit”按钮退出，此时板料已定义。

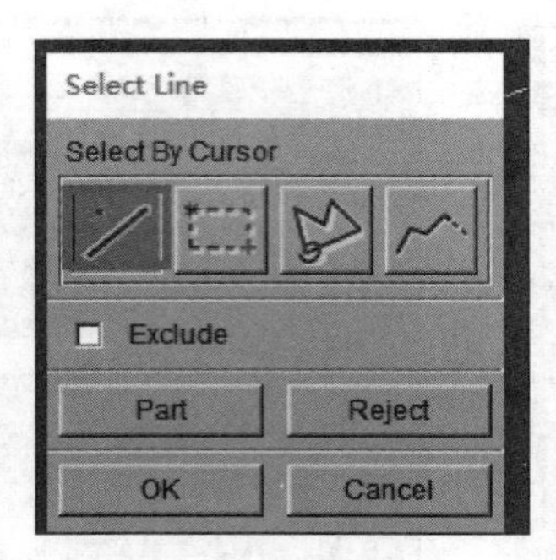

图 25-27 选择对话框

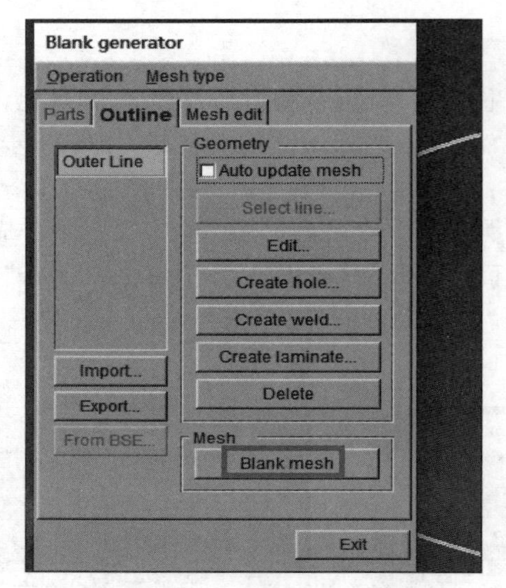

图 25-28 板料网格划分工具

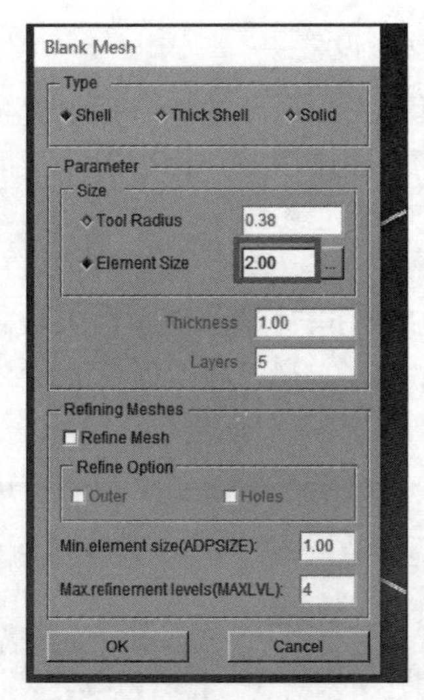

图 25-29 “Blank Mesh”界面

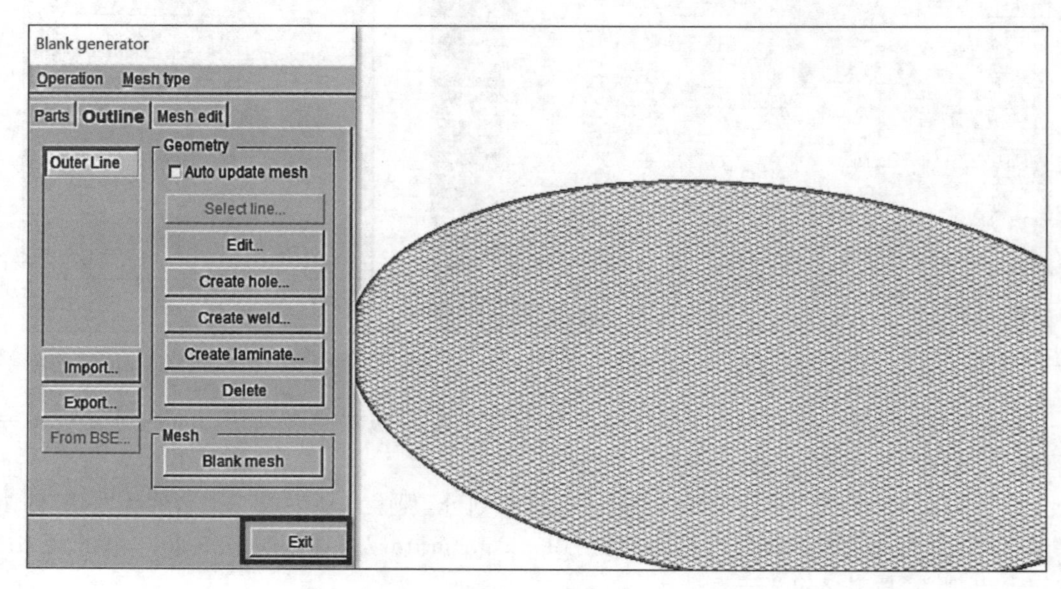

图 25-30 坯料网格

为板料指定材料。热成形分析既要定义结构材料又要定义热材料。单击图 25-31 中的“BLANKMAT(T1)”按钮进入材料定义界面。

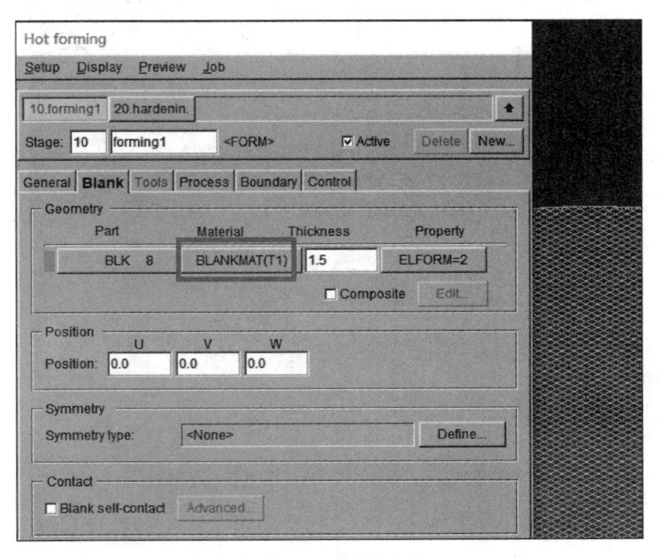

图 25-31　材料定义

材料定义界面如图 25-32 所示。可以新建、编辑、导入或使用材料库中的材料。本例使用导入材料。

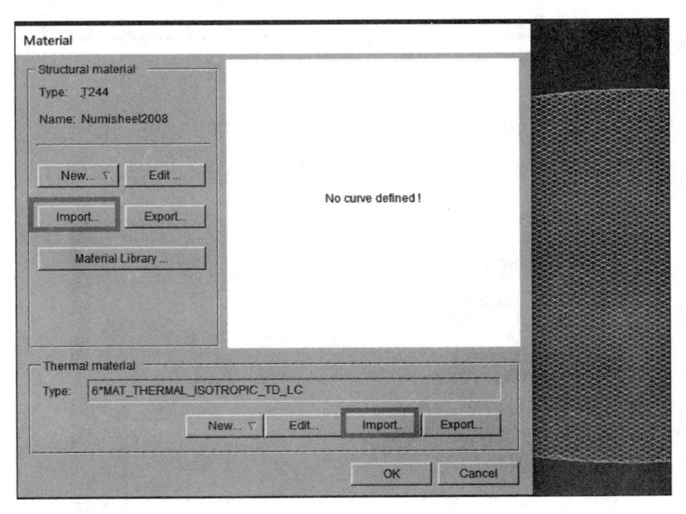

图 25-32　材料定义界面

单击结构材料定义中的“Import”按钮导入“MAT244”材料文件“BlankMat244.mat”；单击热材料定义中的“Import”按钮导入热材料文件“BlankMat_hot.mat”。至此板料定义完毕，“blank”标签变为黑色，如图 25-33 所示。

（2）工具定义。

单击“Tools”标签，进入工具定义界面。系统默认定义了 3 个工具：die、punch 和 binder。定义某一工具时，可以使用工具栏中的显示/隐藏按钮关闭其他零件层。

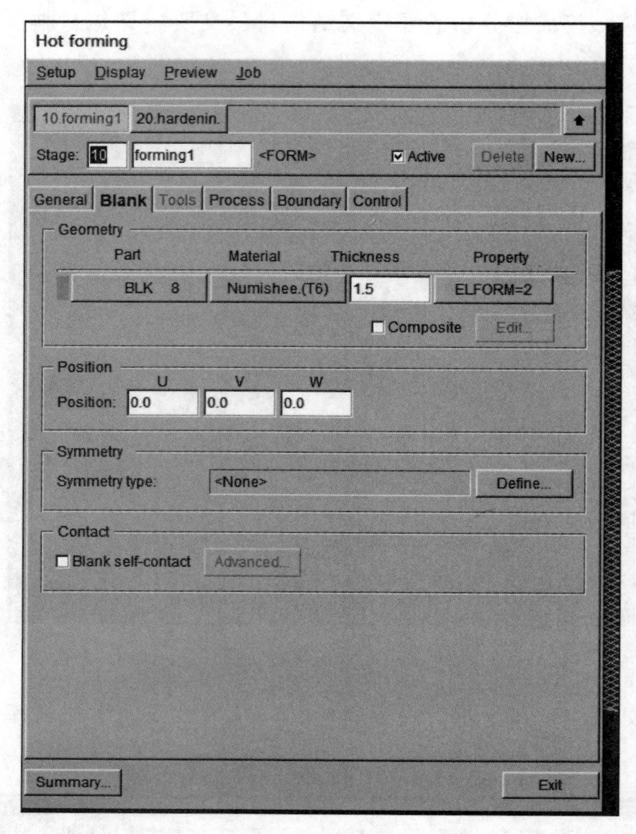

图 25-33 板料定义完成后界面

定义 die：单击“Tools”按钮，然后选择工具列表中的“die”选项，把工具切换到“die”。单击“Geometry”下的“Define geometry”按钮，对“die”进行定义，如图 25-34 所示。

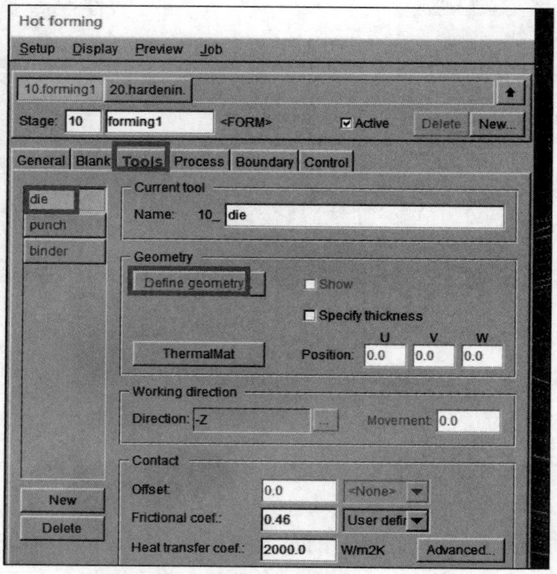

图 25-34 “die”的定义

程序弹出“Tool Preparation”对话框，如图 25-35 所示，单击“Geometry”按钮，然后单击“Orgnize”下的“Define Tool”按钮，弹出“Select Part”对话窗，要求指定作为 die 的零件。

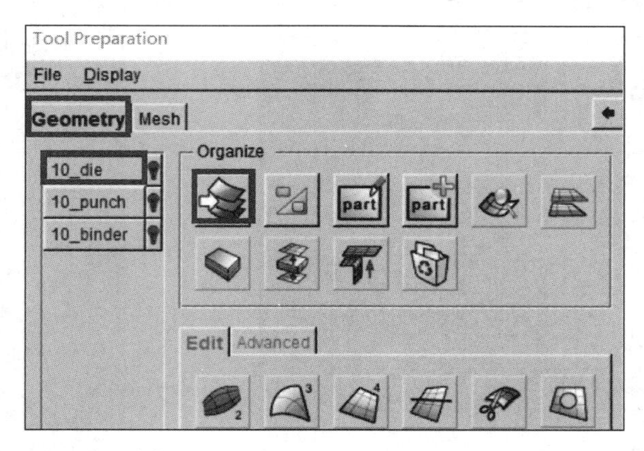

图 25-35　“Tool Preparation”界面

在图 25-36 的选择框中，选择“DIE”层作为 die，单击“OK”按钮，弹出“Define tool”对话框，如图 25-37 所示。

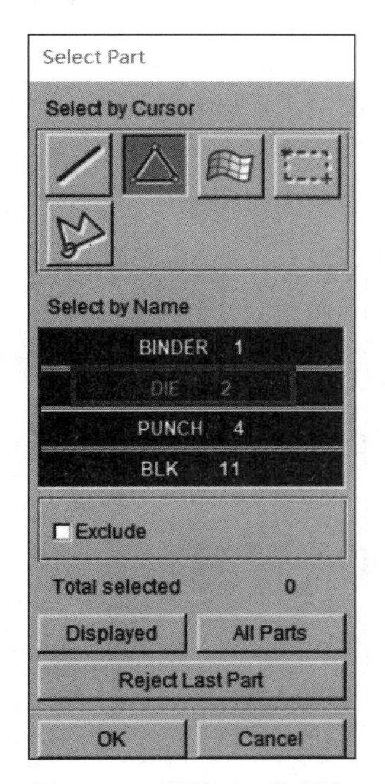

图 25-36　凹模 die 的指定

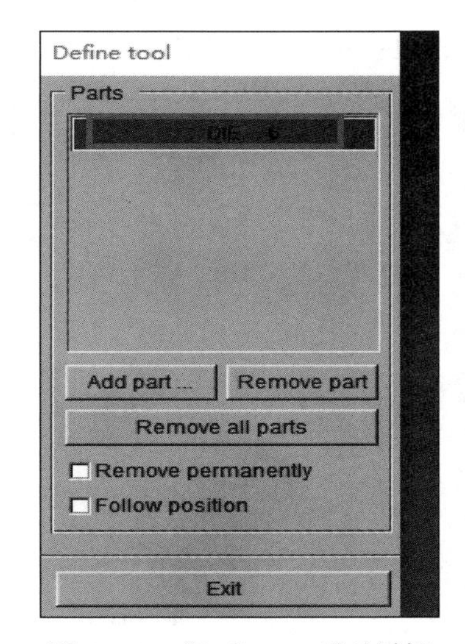

图 25-37　“Define tool”对话框

此时 DIE 已被选中并加入到“die”列表中。单击“Exit”按钮返回“Tool Preparation”对话框。此时 die 工具几何已定义完成，标签变黑。

凹模网格划分：如图 25-38 所示，单击“Mesh”选项，然后使用“Orgnize”中的“Surface Mesh”工具进行网格划分，程序弹出“Surface Mesh”界面，如图 25-39 所示。

在“Surface Mesh”设置界面进行网格划分设置，设定最大单元尺寸，Mesher 类型为 Tool mesh。单击“Select Surfaces”按钮，选择需要划分的曲面。

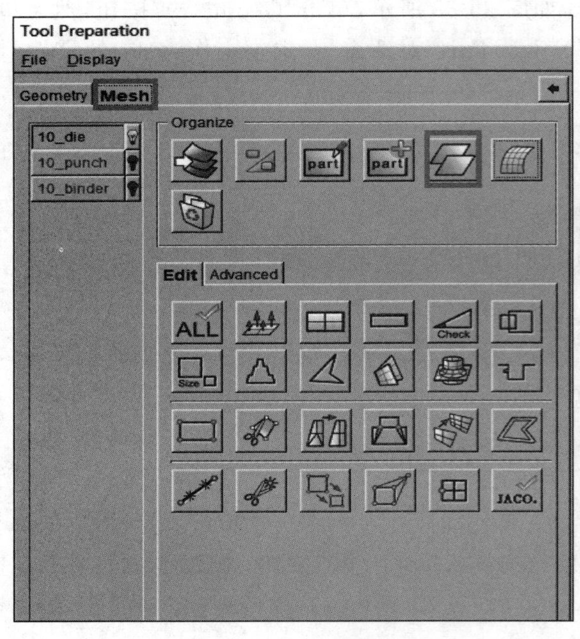

图 25-38 die 网格划分

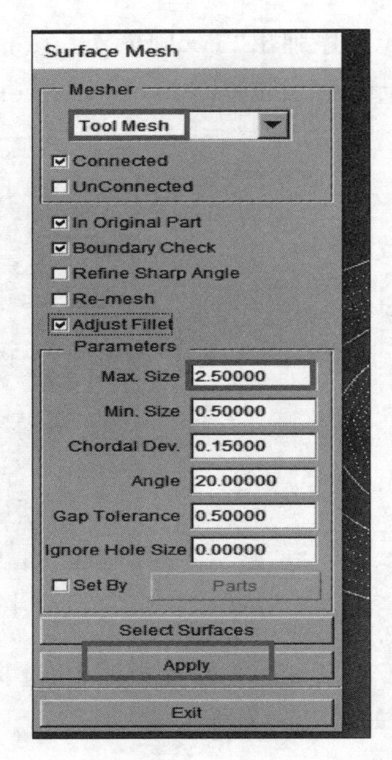

图 25-39 "Surface Mesh"设置界面

如图 25-40 所示，单击"By Part"按钮根据 part 名选取，或者用"Displayed Surf"。选取当前显示的凹模曲面，单击"OK"按钮确定。

单击图 25-41 中的"Apply"按钮生成网格。die 网格如图 25-42 所示。

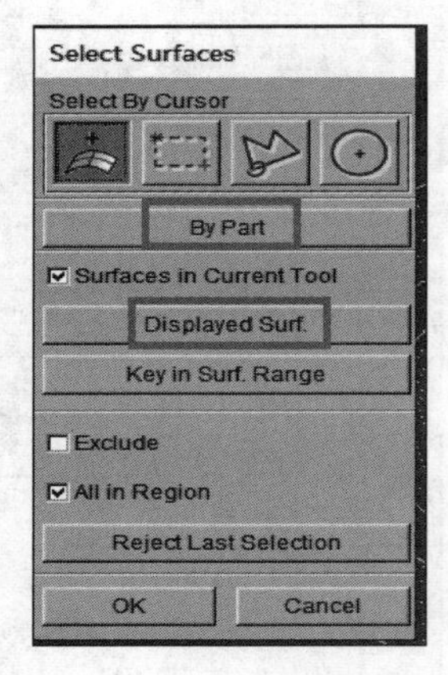

图 25-40 选择曲面

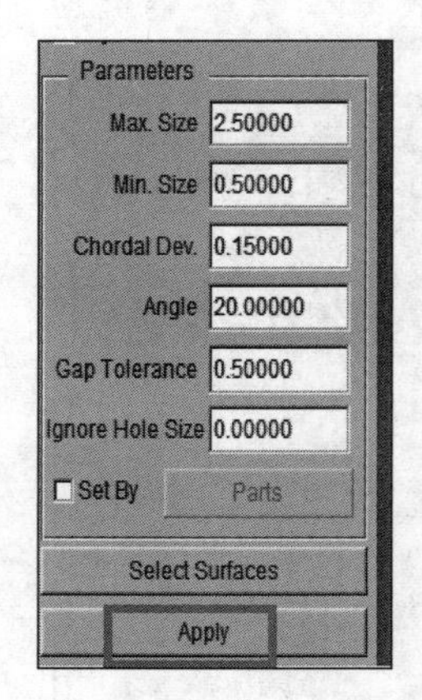

图 25-41 生成网格

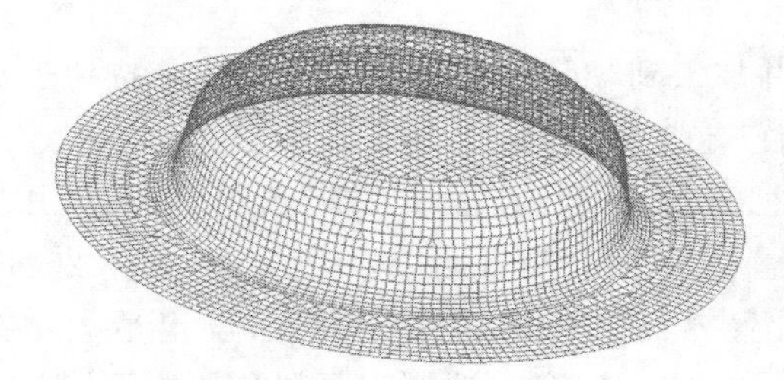

图 25-42 die 网格

进行网格检查，检查单元法向的一致性及单元边界的连续性、重叠单元等。单击“Mesh-Edit-Auto plate normal”按钮进行法向一致性检查，如图 25-43 所示。

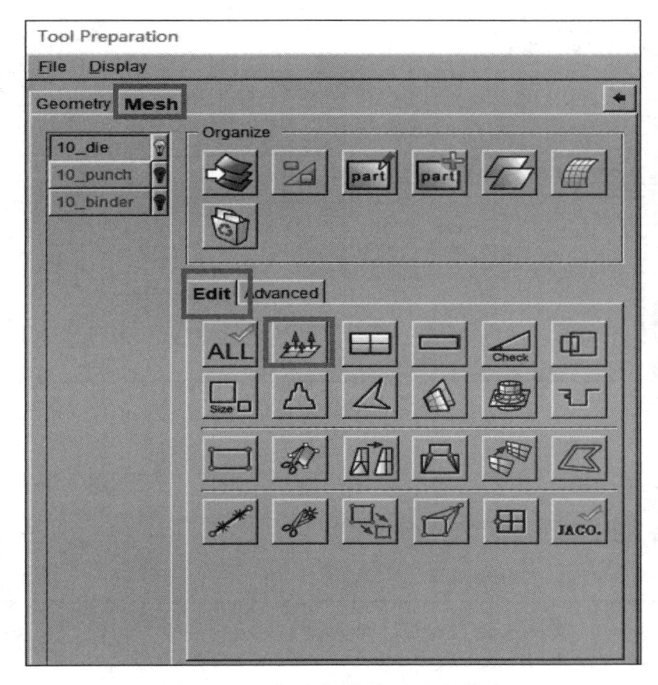

图 25-43　自动翻转单元法向检查

在弹出的“Control Keys”对话框中，选择“Cursor Pick Part”按钮(图 25-44)。以鼠标选取零件上的某一单元，弹出对话框询问是否接受法向，如图 25-45 所示。单击“Yes”按钮确定法向，保证单元法向一致即可。

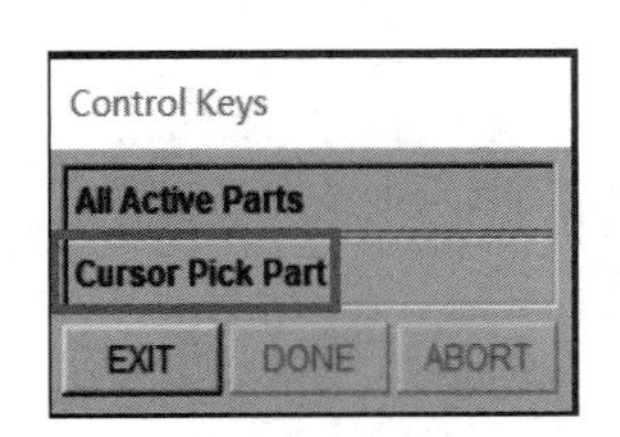

图 25-44　单元的选取方式

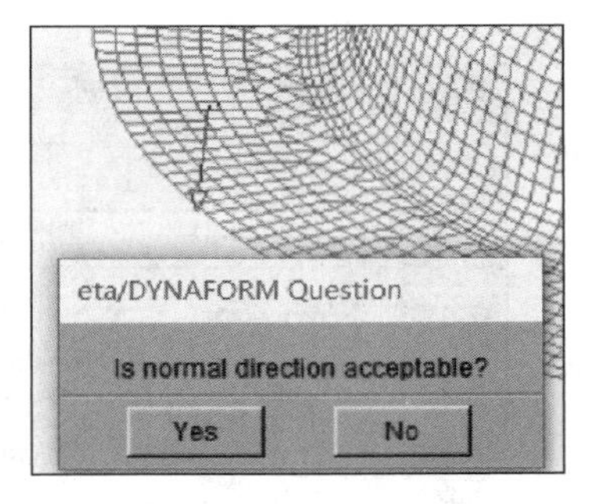

图 25-45　单元法向选择操作

定义 punch：在工具列表中选择“punch”选项，把当前工具切换到 punch。单独显示 punch。按 die 的定义步骤定义 punch 并划分、检查网格，如图 25-46 所示。

定义 binder：在工具列表中选择“binder”选项，把当前工具切换到 binder。单独显示 binder。按 die 的定义步骤定义 binder 并划分、检查网格，如图 25-47 所示。

定义模具材料：单击图 25-48 中的“ThermalMat”按钮，弹出材料定义对话框，如图 25-49 所示。

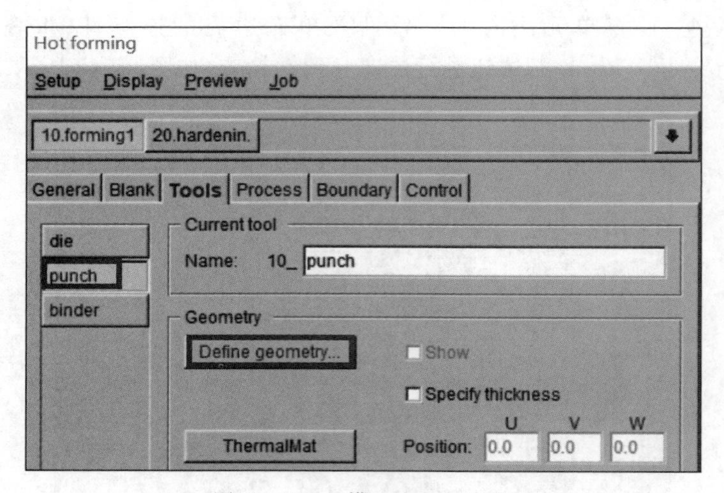

图 25-46　凸模 punch 的定义

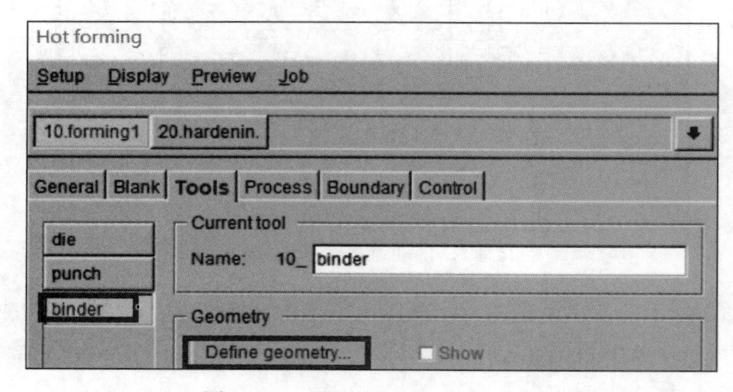

图 25-47　压边圈 binder 的定义

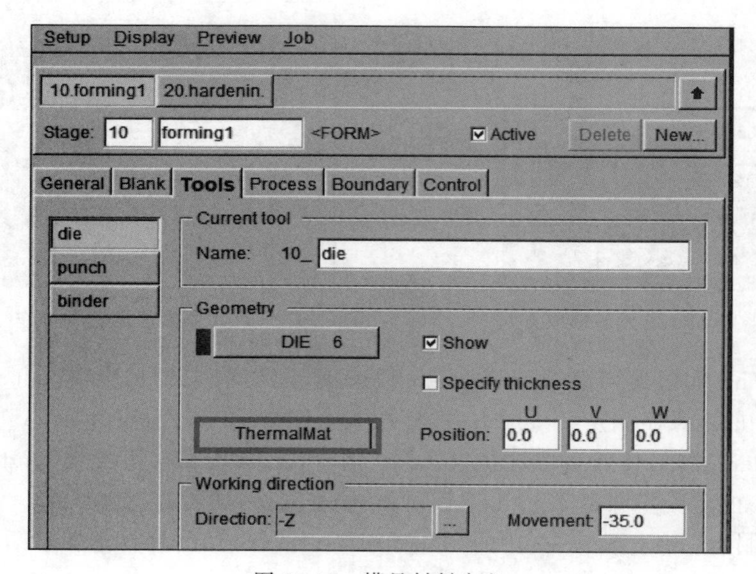

图 25-48　模具材料定义

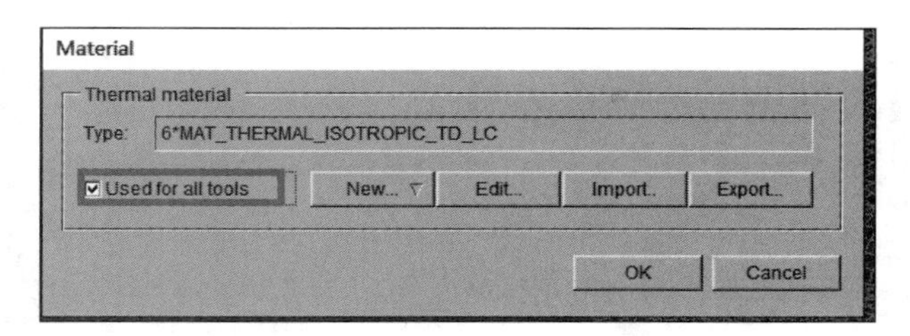

图 25-49　模具材料定义界面

在图 25-49 中的材料定义界面上勾选“Used for all tools”复选框，即所有工具使用同一材料。单击“Import”按钮导入模具的热材料文件“ToolMat_hot. mat”，单击“OK”按钮退出材料定义对话框。

模具定位：单击“Hot forming”设置界面中的“Positioning”按钮（图 25-50），弹出“Positioning”对话框（图 25-51），以进行板料和工具相对位置的设置。

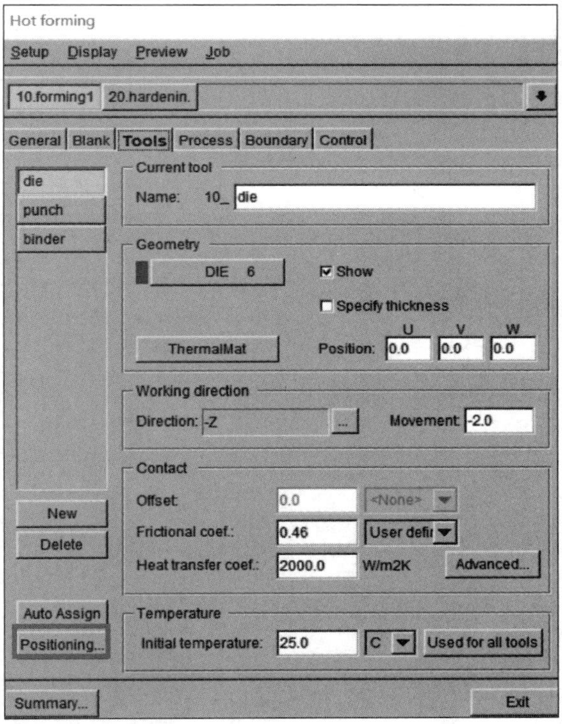

图 25-50　模具定位

在图 25-51 的定位界面中，在“On”复选框下拉列表中选择“binder”选项或其他工具作为板料的定位参考，进行自动定位或使用手动定位。单击“Reset”按钮可以恢复到初始位置。单击工具栏中的 Y-Z 视图按钮，观察工具和板料定位后的相对位置是否正确。单击“OK”按钮确认定位，返回“Hot forming”设置界面。

工具接触定义：工具接触定义摩擦系数、接触类型，还包括一些热参数。单击“Advanced”按钮弹出接触参数定义对话框（图 25-52）。本例使用默认参数。直接退出接触参数定义对话框。

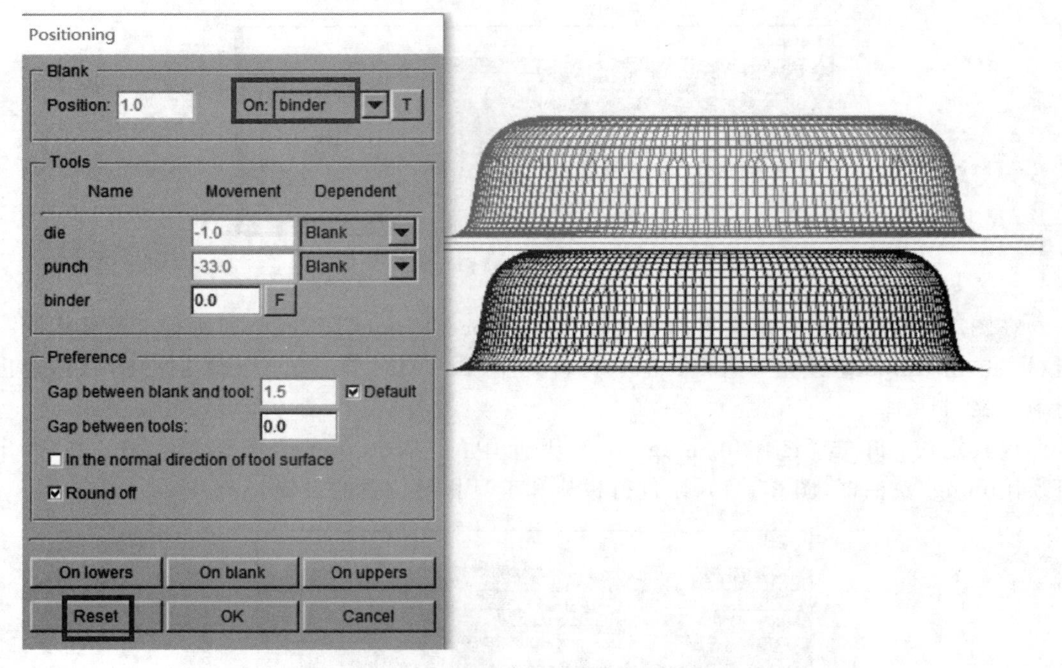

图 25-51　模具定位界面

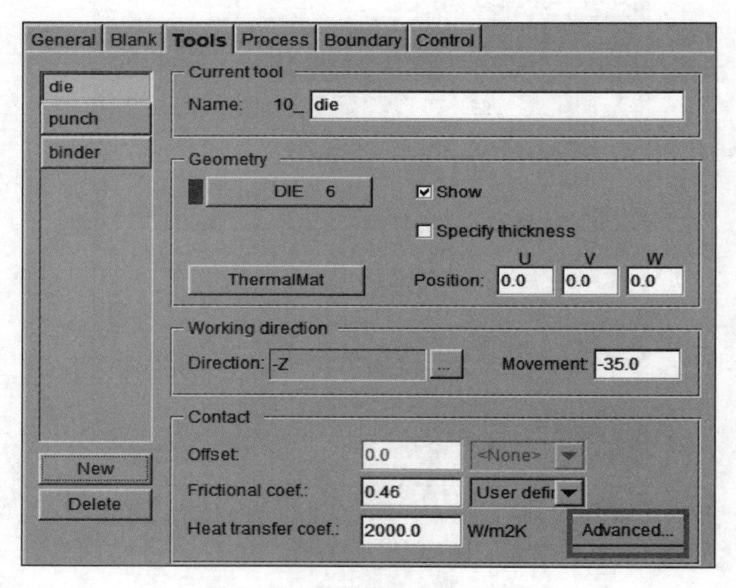

图 25-52　接触参数定义对话框

(3) 工序定义。

设置当前模拟所需要的工序个数,每一个工序所需的时间及工具在每一个工序中的状态等。单击设置界面上的“Process”标签进入工序设置界面(图 25-53),单动默认有 closing 和 drawing 两工序。

closing 工序设置:如图 25-54 所示,在列表中选择“closing”选项作为当前工序。本例使用默认设置,即 die 以速度控制向下运动,punch 和 binder 位置不动。

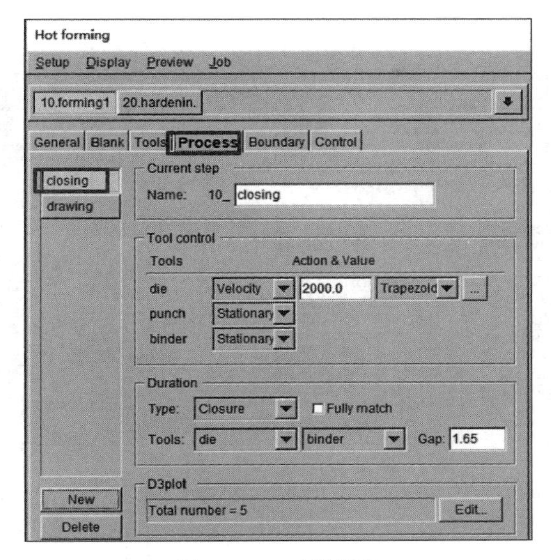

图 25-53　工序设置

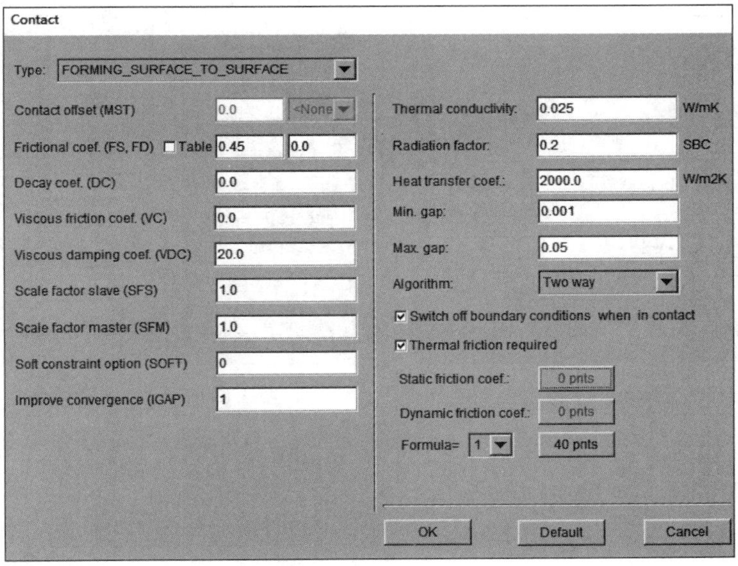

图 25-54　closing 工序设置

drawing 工序设置：如图 25-55 所示，切换“drawing”选项卡为当前工序，binder 工具运动修改为压边力控制，即在“binder”复选框下拉列表中选择“Force”。

Boundary 设置：如图 25-56 所示，在 Boundary 中设置板料初始温度为 900.0℃，其他参数取默认值。

分析控制参数设置：如图 25-57 所示，首先设置时间步长“DT2MS”，单击“DT2MS”输入框后的按钮，程序根据输入的材料参数和单元尺寸自动计算出 10 个最小单元的时间步长和所有单元的平均时间步长，可以参考这些值确定合理步长；然后设置热时间步长“TMAX”，单击“TMAX”输入框后的按钮，程序根据工件运动速度计算合理的热时间步长。

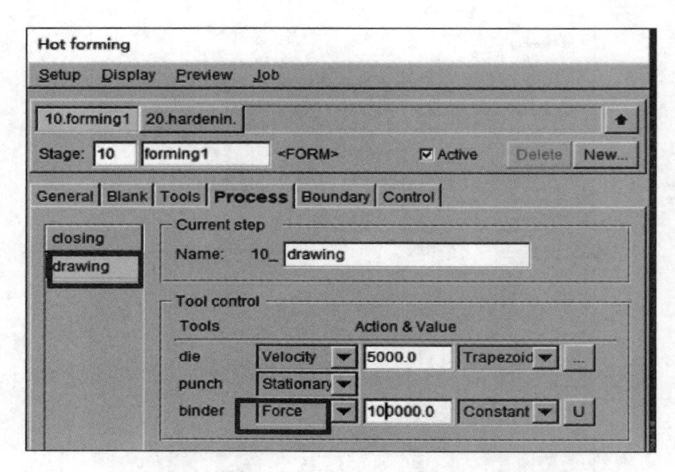

图 25-55 drawing 设置

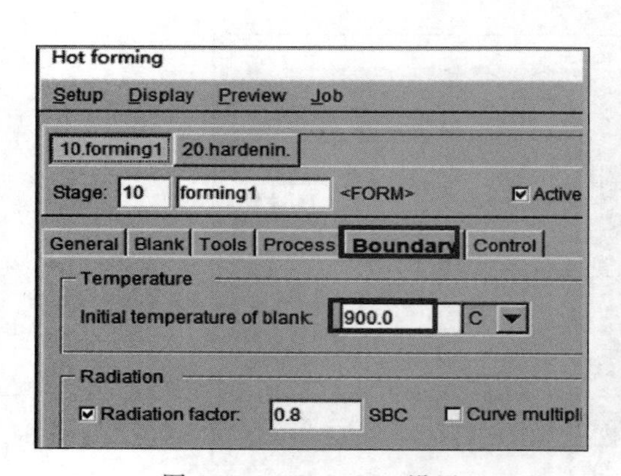

图 25-56 Boundary 设置

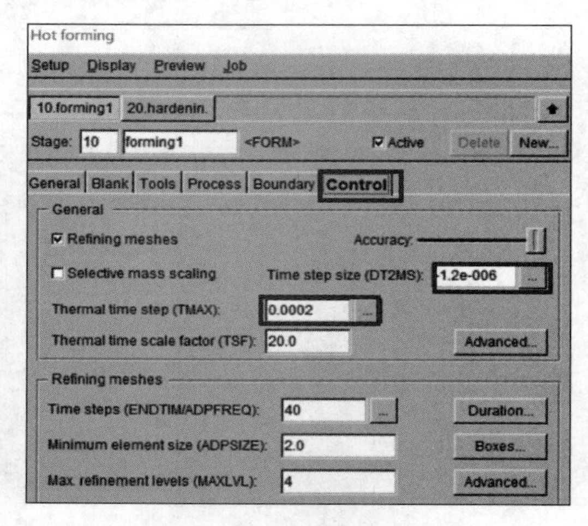

图 25-57 成形控制参数

动画演示：如图 25-58 所示，单击“Preview-Animation”进行动画演示，单击“Play”按钮检查工具的运动情况。

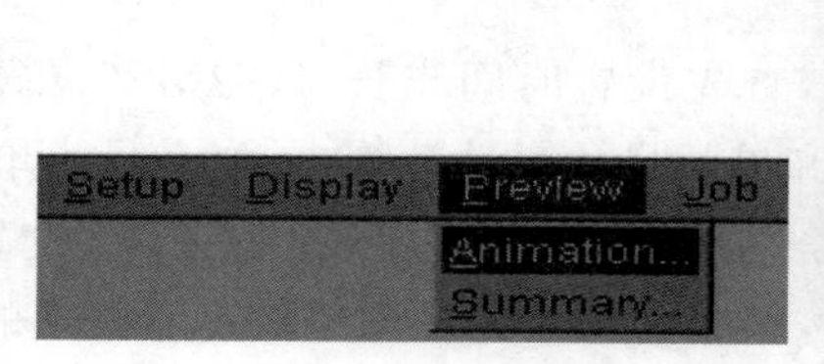

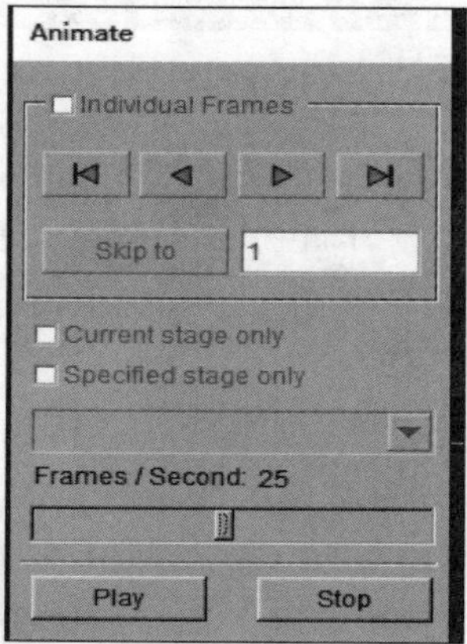

图 25-58 动画演示

保压硬化设置：如图 25-59 所示，成形阶段的板料、工具温度、应力应变信息会自动传递到保压硬化工步。如图 25-60 所示，此处设置模具压力为 20t，时间为 5s。

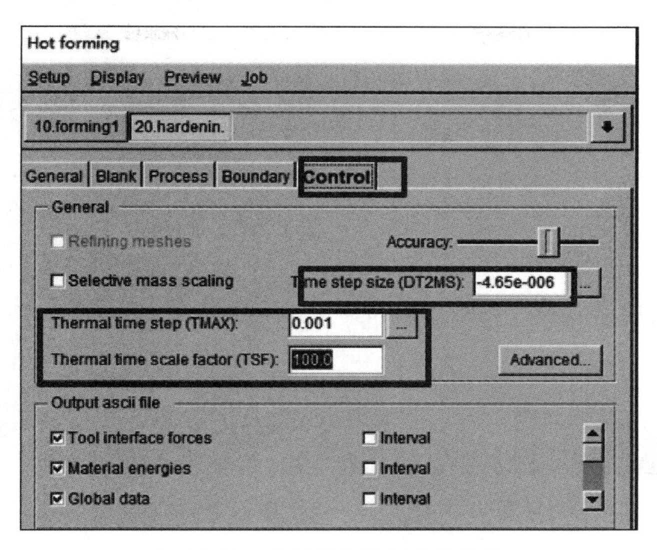

图 25-59　保压硬化控制参数设置

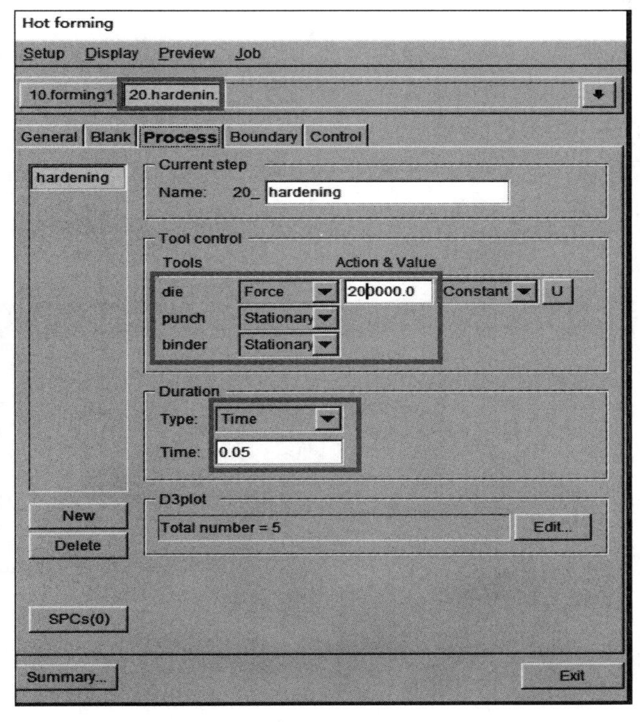

图 25-60　保压硬化工序定义设置

6. 提交计算

单击“Job-Job Submitter”(图 25-61)，出现任务选项窗口，如图 25-62 所示。

图 25-61　任务菜单设置

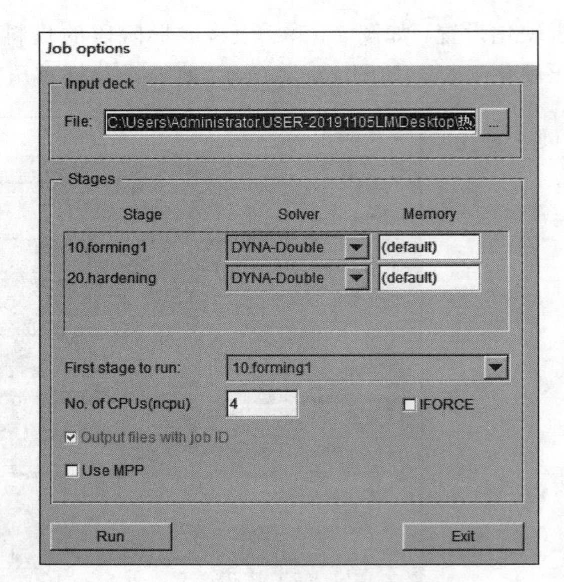

图 25-62　任务选项设置

7. 后置处理

eta/POST 读取和处理 d3plot 文件中所有可用的数据，提供等值线云图、矢量图、变形图、FLD、应力分布、动画等，帮助用户快速准确地分析计算结果。

单击“eta/DYNAFORM”主菜单上的“PostProcess”菜单可启动“eta/POST”，或者从操作系统的开始菜单程序组中启动“eta/POST”。在“eta/POST”中，选择“File”→“Open”选项，文件类型选择“ *. d3plot”格式，选择“hot forming_op10. d3plot”和“hot forming_op20. d3plot”打开。后处理界面如图 25-63 所示。

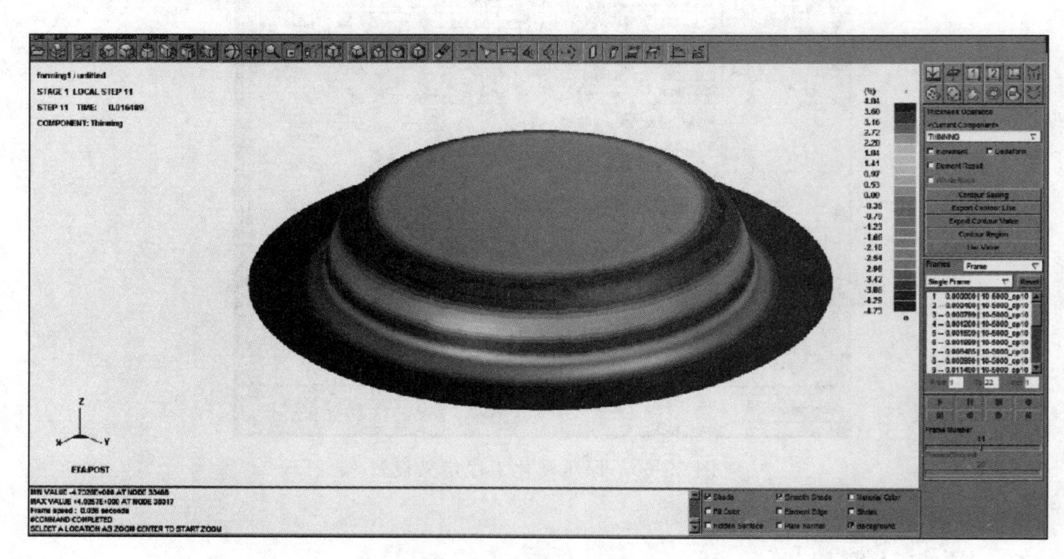

图 25-63　后处理界面

8. 后处理结果

1）材料减薄

如图 25-64 所示，在工具栏中单击“Thickness Operation”按钮，在“Current Component”下拉菜单中选择“THINNING”选项，查看减薄率。

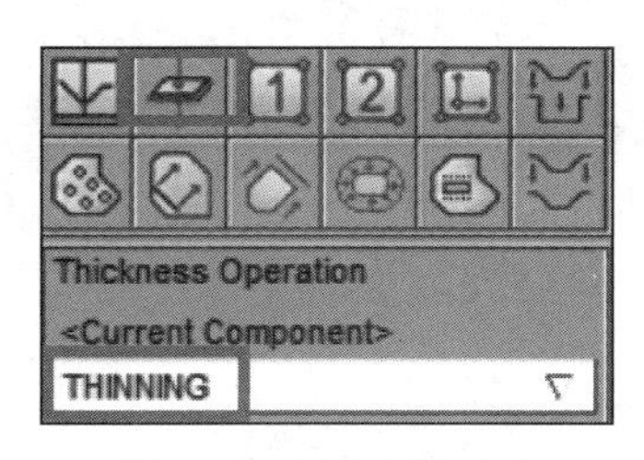

图 25-64　后处理工具

图 25-65 是压边力分别为 10t 和 20t、板料初始温度为 900℃的材料减薄情况对比。

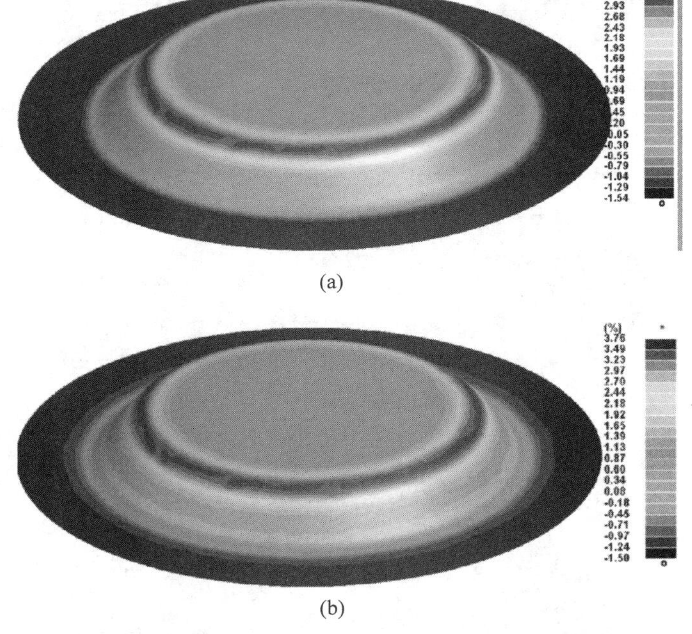

(a)

(b)

图 25-65　不同压边力条件下材料减薄对比（相同冲压速度和初始温度）

（a）压边力 10t，板料初始温度 900℃；（b）压边力 20t，板料初始温度 900℃

2）温度分布

在图 25-66 的工具栏中单击等值线图标按钮，在“Contour Plot/Animation”下拉菜单中选择“Temperature”选项，查看温度分布。

图 25-67 是压边力为 10t、板料初始温度为 900℃的板料成形过程中的温度变化情况。

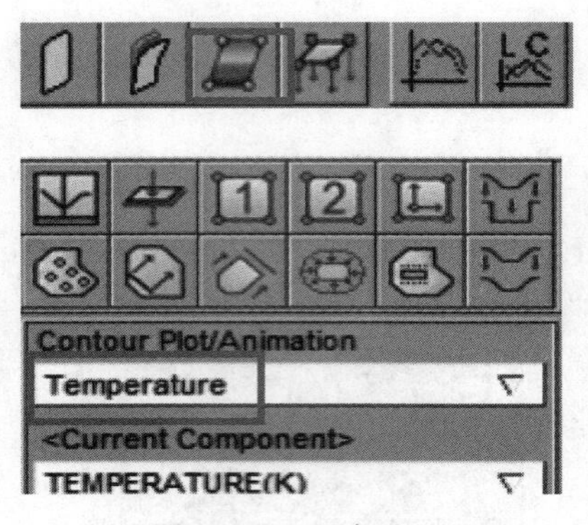

图 25-66 温度显示

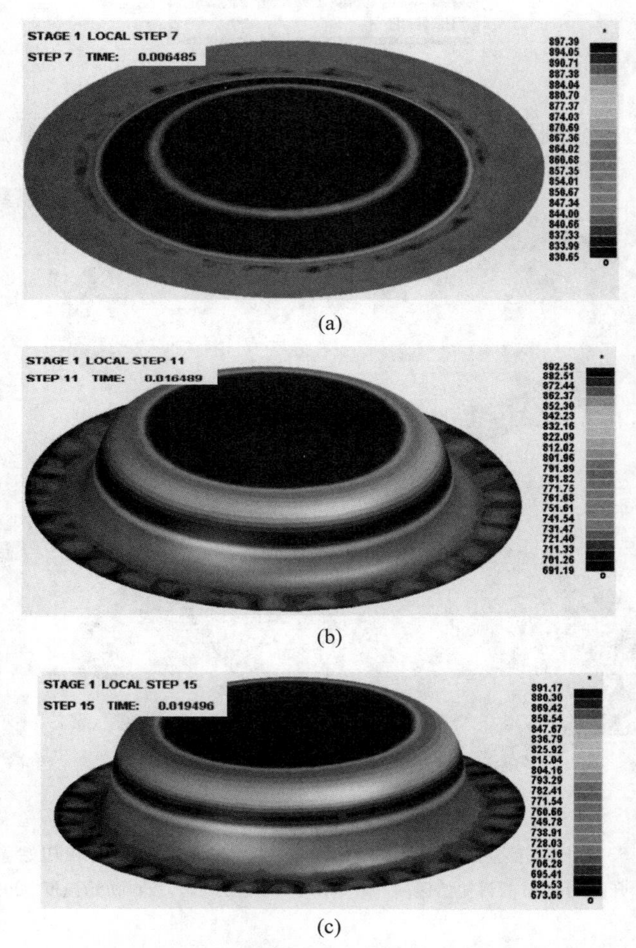

(a)

(b)

(c)

图 25-67 成形过程温度分布(压边力 10t,板料初始温度 900℃)

(a) STEP 7,TIME: 0.006485; (b) STEP 11,TIME: 0.016409; (c) STEP 15,TIME: 0.019496

3) 马氏体含量

在图 25-68 的工具栏中单击等值线图标按钮,在“Contour Plot/Animation”下拉菜单中选择“Extra History Var”选项,在“Current Component”下拉菜单中选择“Amount martensite"选项查看马氏体含量。

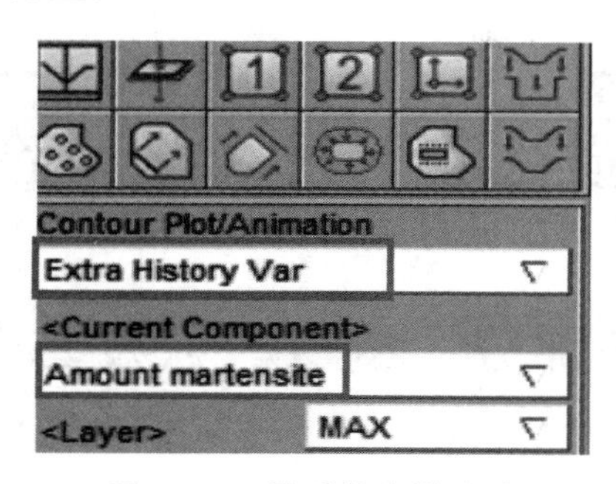

图 25-68　马氏体含量显示

图 25-69 是在压边力为 20t、板料初始温度为 900℃的淬火过程中不同时刻的马氏体含量变化。

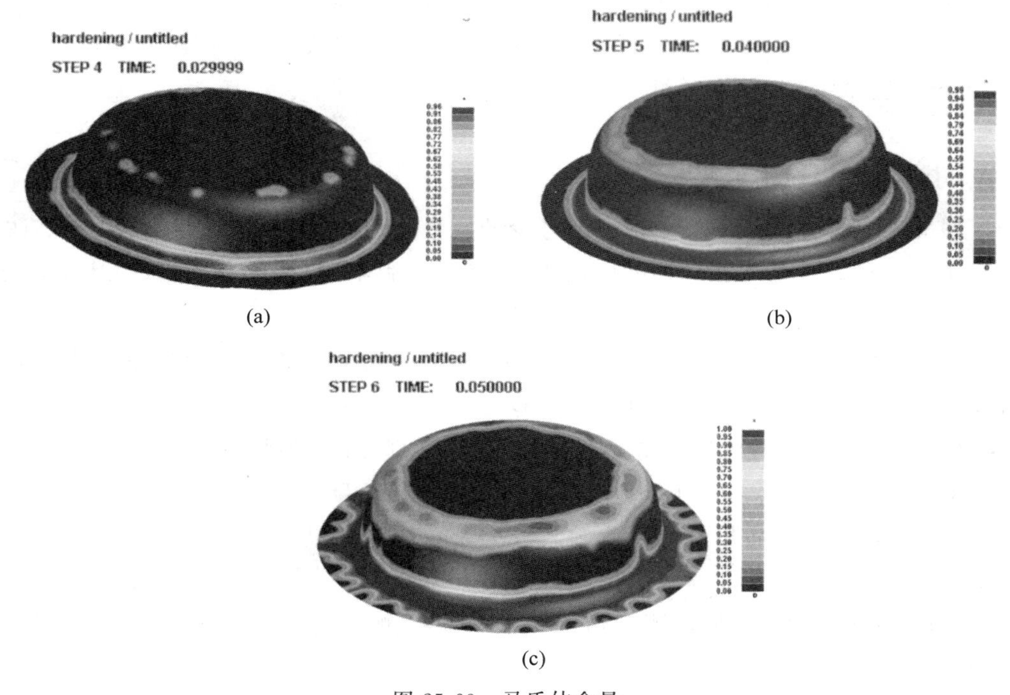

(a)　(b)　(c)

图 25-69　马氏体含量

(a) TIME：0.029999；(b) TIME：0.040000；(c) TIME：0.050000

参考资料

[1] 陈文亮. 板料成形 CAE 分析教程[M]. 北京：机械工业出版社，2005.

[2] 王秀凤，郎利辉. 板料成形 CAE 设计及应用：基于 DYNAFORM[M]. 北京：北京航空航天大学出版社，2008.

[3] Engineering Technology Associates，Inc. Hot forming training tutorial[Z].

[4] Engineering Technology Associates，Inc. DYNAFORM user's manual version 5.9.4[Z].

附录一　GB/T 37910.1—2019 焊缝无损检测　射线检测验收等级

第一部分　钢、镍、钛及其合金

1. 范围

GB/T 37910 的本部分规定了钢、镍、钛及其合金对接焊缝射线检测缺欠显示的验收等级。如合同各方同意，该验收等级也可用于其他类型焊缝或材料。

验收等级与焊接标准、检测标准、规范或法规有关。本部分适用于通过比较按照 GB/T 3323.1 或 GB/T 3323.2 检测出的焊缝射线底片或图像上的缺欠尺寸与本部分规定的缺欠限值，判定被检焊缝是否满足焊缝质量等级。

2. 规范性引用文件

下列文件对于本文件的应用是必不可少的。凡是注日期的引用文件，仅注日期的版本适用于本文件。凡是不注日期的引用文件，其最新版本（包括所有的修改单）适用于本文件。

GB/T 3323.1　焊缝无损检测　射线检测　第 1 部分：X 和伽玛射线的胶片技术（GB/T 3323.1—2019，ISO 17636—1：2013，MOD）

GB/T 3323.2　焊缝无损检测　射线检测　第 2 部分：使用数字化探测器的 X 和伽玛射线技术（GB/T 3323.2—2019，ISO 17636—2：2013，MOD）

GB/T 6417.1　金属熔化焊接头缺欠分类及说明（GB/T 6417.1—2005，ISO 6520—1：1998，IDT）

GB/T 32259　焊缝无损检测　熔焊接头目视检测（GB/T 32259—2015，ISO 17637：2003，MOD）

ISO 5817　焊接　钢、镍、钛及其合金的熔化焊接头（束焊除外）　缺欠质量等级[Welding-Fusion welded joints in steel，nickel，titanium and their alloys（beam welding excluded）—Quality levels for imperfections]

3. 检测技术

根据焊缝质量等级规定，射线检测应按 GB/T 3323.1 或 GB/T 3323.2 的 A 级和 B 级进行检测，见表 1。

表 1　射线检测技术等级

按 ISO 5817 的质量等级	按 GB/T 3323.1 和 GB/T 3323.2 的技术等级	按本部分的验收等级
B	B	1
C	B[a]	2
D	A	3

[a]环焊缝检测最少曝光次数按 GB/T 3323.1 和 GB/T 3323.2 的 A 级要求执行。

4. 通则

焊缝射线检测前应按 GB/T 32259 进行目视检测与评定。

本部分的验收等级对评定目视检测不能检测和评定的缺欠显示(表 2)基本有效。检测人员因几何尺寸原因不能评价表面缺欠(见表 3,如咬边、下塌、表面烧蚀、焊接飞溅等),但又对此类缺欠是否满足 ISO 5817 焊缝质量等级表示怀疑时,应选择更多的检测技术加以确认。

当需要对咬边、下塌等进行射线检测定量时,可通过曝光试验建立基本量化关系,以制定符合 ISO 5817 的工艺规程。是否需要定量该类缺欠应予以规定。

5. 验收等级

显示的验收等级见表 2 和表 3。缺欠类型见 ISO 5817,缺欠定义见 GB/T 6417.1,缺欠编号参见附录 1.A。

表 2 和表 3 中使用的符号如下:

——A 显示投影面积总和在 $L \times W_p$ 区域中的百分比,用%表示(参见附录 1.B);

——b 焊缝下塌宽度,单位为毫米(mm);

——d 气孔直径,单位为毫米(mm);

——d_A 气孔包络区域直径,单位为毫米(mm);

——h 显示的宽度,或表面缺欠的高度或宽度,单位为毫米(mm);

——L 焊缝任意 100mm 检测长度,单位为毫米(mm);

——l 显示的长度,单位为毫米(mm);

——s 对接焊缝公称厚度,单位为毫米(mm);

——t 母材厚度,单位为毫米(mm);

——W_p 焊缝宽度,单位为毫米(mm);

——$\sum l$ 在 L 范围内缺欠总长度,单位为毫米(mm)。

如果任意相邻缺欠的间距小于或等于其中较小缺欠的主要尺寸,则应被视为一个缺欠。缺欠累计区域计算参见附录 1.C。

显示不应被划分到不同的 L 中。

表 2　对接焊缝内部显示的验收等级

序号	按 GB/T 6417.1 的内部缺欠分类	验收等级 3 级[a]	验收等级 2 级[a]	验收等级 1 级
1	裂纹(100)	不准许	不准许	不准许
2a	均布气孔(2012)，球形气孔(2011)，单层	$A \leqslant 2.5\%$ $d \leqslant 0.4s$，最大 5mm $L = 100$mm	$A \leqslant 1.5\%$ $d \leqslant 0.3s$，最大 4mm $L = 100$mm	$A \leqslant 1\%$ $d \leqslant 0.2s$，最大 3mm $L = 100$mm
2b	均布气孔(2012)，球形气孔(2011)，多层	$A \leqslant 5\%$ $d \leqslant 0.4s$，最大 5mm $L = 100$mm	$A \leqslant 3\%$ $d \leqslant 0.3s$，最大 4mm $L = 100$mm	$A \leqslant 2\%$ $d \leqslant 0.2s$，最大 3mm $L = 100$mm
3[b]	局部密集型气孔(2013)	$d_A \leqslant W_p$，最大 25mm $d \leqslant 0.4s$，最大 5mm $L = 100$mm d_A 对应 d_{A1}、d_{A2} 或 d_{Ac}	$d_A \leqslant W_p$，最大 20mm $d \leqslant 0.3s$，最大 4mm $L = 100$mm d_A 对应 d_{A1}、d_{A2} 或 d_{Ac}	$d_A \leqslant W_p$，最大 15mm $d \leqslant 0.2s$，最大 3mm $L = 100$mm d_A 对应 d_{A1}、d_{A2} 或 d_{Ac}
4[c]	链状气孔(2014)	$l \leqslant s$，最大 75mm $d \leqslant 0.4s$，最大 4mm $L = 100$mm	$l \leqslant s$，最大 50mm $d \leqslant 0.3s$，最大 3mm $L = 100$mm	$l \leqslant s$，最大 25mm $d \leqslant 0.2s$，最大 2mm $L = 100$mm
5[d]	条形气孔(2015)，虫形气孔(2016)	$h \leqslant 0.4s$，最大 4mm $\sum l \leqslant s$，最大 75mm $L = 100$mm	$h \leqslant 0.3s$，最大 3mm $\sum l \leqslant s$，最大 50mm $L = 100$mm	$h \leqslant 0.2s$，最大 2mm $\sum l \leqslant s$，最大 25mm $L = 100$mm
6[e]	缩孔(202)(不包括弧坑缩孔)	$h \leqslant 0.4s$，最大 4mm $l \leqslant 25$mm	不准许	不准许
7	弧坑缩孔(2024)	$h \leqslant 0.2t$，最大 2mm $l \leqslant 0.2t$，最大 2mm	不准许	不准许
8[d]	夹渣(301)，焊剂夹渣(302)，氧化物夹渣(303)	$h < 0.4s$，最大 4mm $\sum l \leqslant s$，最大 75mm $L = 100$mm	$h < 0.3s$，最大 3mm $\sum l \leqslant$ s，最大 50mm $L = 100$mm	$h < 0.2s$，最大 2mm $\sum l \leqslant s$，最大 25mm $L = 100$mm
9	金属物夹杂(304)(不包括铜)	$l < 0.4s$，最大 4mm	$l < 0.3s$，最大 3mm	$l < 0.2s$，最大 2mm
10	铜夹杂(3042)	不准许	不准许	不准许
11[e]	未熔合(401)	仅允许断续且不能延伸至表面 $\sum l \leqslant 25$mm，$L = 100$mm	不准许	不准许
12[e]	未焊透(402)	$\sum l \leqslant 25$mm，$L = 100$mm	不准许	不准许

[a] 验收等级 3 级和 2 级可增加后缀 X 描述，表示所有长度超过 25mm 的显示不可验收。

[b] 参看附录 1.C 中图 C.1 和图 C.2。

[c] 参看附录 1.C 中图 C.3 和图 C.4。

[d] 参看附录 1.C 中图 C.5 和图 C.6。

[e] 如果单条焊缝长度小于 100mm，则显示的最大长度应不超过整条焊缝长度的 25%。

表 3 表面缺欠的验收等级

序号	按 GB/T 6417.1 的表面缺欠分类	验收等级 3 级[a]	验收等级 2 级[a]	验收等级 1 级
13	弧坑裂纹(104)	不准许	不准许	不准许
14a	连续咬边(5011)和间接咬边(5012)，$t>3$mm	要求光滑过渡，$h\leqslant 0.2t$，最大 1mm	要求光滑过渡，$h\leqslant 0.1t$，最大 0.5mm	要求光滑过渡，$h\leqslant 0.05t$，最大 0.5mm
14b	连续咬边(5011)和间接咬边(5012)，0.5mm$\leqslant t\leqslant$3mm	要求光滑过渡，$l\leqslant$25mm，$h\leqslant 0.2t$	要求光滑过渡，$l\leqslant$25，mm $h\leqslant 0.1t$	要求光滑过渡 不准许
15a	缩沟(根部咬边 5013)，$t>3$mm	要求光滑过渡，$l\leqslant$25mm，$h\leqslant 0.2t$，最大 2mm	要求光滑过渡，$l\leqslant$25mm，$h\leqslant 0.1t$，最大 1mm	要求光滑过渡，$l\leqslant$25mm，$h\leqslant 0.05t$，最大 0.5mm
15b	缩沟(根部咬边 5013)，0.5mm$\leqslant t\leqslant$3mm	要求光滑过渡，$h\leqslant$0.2mm+$0.1t$	要求光滑过渡，$l\leqslant$25mm，$h\leqslant 0.1t$	要求光滑过渡 不准许
16a	下塌(504)，0.5mm$\leqslant t\leqslant$3mm	$h\leqslant$1mm+$0.6b$	$h\leqslant$1mm+$0.3b$	$h\leqslant$1mm+$0.1b$
16b	下塌(504)，$t>3$mm	$h\leqslant$1mm+$1.0b$，最大 5mm	$h\leqslant$1mm+$0.6b$，最大 4mm	$h\leqslant$1mm+$0.2b$，最大 3mm
17	电弧擦伤(601)	允许，如母材性能未受影响	不准许	不准许
18	飞溅(602)	根据材质和腐蚀防护技术要求验收		
19a	根部收缩(515)，0.5mm$\leqslant s\leqslant$3mm	$h\leqslant$0.2mm+$0.1t$	$l\leqslant$25mm，$h\leqslant 0.1t$	不准许
19b	根部收缩(515)，$s>3$mm	$l\leqslant$25mm，$h\leqslant 0.2t$，最大 2mm	$l\leqslant$25mm，$h\leqslant 0.1t$，最大 1mm	$l\leqslant$25mm，$h\leqslant 0.05t$，最大 0.5mm
20	焊缝接头不良(517)，$s\geqslant$0.5mm	允许，限值取决于缺欠类型(按 ISO 5817)	不准许	不准许
21a	下垂(509)，未焊满(511)，0.5mm$\leqslant s\leqslant$3mm	$l\leqslant$25mm，$h\leqslant 0.25t$	$l\leqslant$25mm，$h\leqslant 0.1t$	不准许
21b	下垂(509)，未焊满(511)，$s>3$mm	$l\leqslant$25mm，$h\leqslant 0.25t$，最大 2mm	$l\leqslant$25mm，$h\leqslant 0.1t$，最大 1mm	$l\leqslant$25mm，$h\leqslant 0.05t$，最大 0.5mm
22a	错边(507)，0.5mm$\leqslant s\leqslant$3mm	$h\leqslant$0.2mm+$0.25t$	$h\leqslant$0.2mm+$0.15t$	$h\leqslant$0.2mm+$0.1t$
22b	错边(507)，$s>3$mm	$l\leqslant 0.25t$，最大 5mm	$l\leqslant 0.15t$，最大 4mm	$l\leqslant 0.1t$，最大 3mm
22c	错边(507)，$s>$0.5mm	$l\leqslant 0.5t$，最大 4mm	$l\leqslant 0.5t$，最大 3mm	$l\leqslant 0.5t$，最大 2mm

注：验收等级按目视检测的验收规定执行。这些缺陷通常选用目视检测评定。

[a] 验收等级 3 级和 2 级可增加后缀 X 描述，表示所有长度超过 25mm 的显示不可验收。

附录 1.A 射线检测缺欠指南

1.A.1 通则

每种缺欠后紧跟一个带有数字编号的括号，该数字编号见 GB/T 6417.1。

1.A.2 对接焊缝中的体积型缺欠

对接焊缝中的体积型缺欠：

——球形气孔(2011)，局部密集气孔(2013)，条形气孔(2015)和表面气孔(2017)；

——条形气孔(2015)和虫形气孔(2016)；

——固体夹杂(300)；

——铜夹杂(3042)。

按 GB/T 3323.1 或 GB/T 3323.2 规定的 A 级或 B 级检测(见表 1)，可检出表 2 列出的上述缺欠。

1.A.3 对接焊缝中的裂纹

对接焊缝中的裂纹：

——裂纹(100)；

——弧坑裂纹(104)。

射线检测的裂纹检出能力与裂纹高度、裂纹走向(分叉部分)、开口宽度、射线中心束与裂纹延伸方向的角度和射线检测参数有关。

因此，射线测出裂纹的可靠性有限。GB/T 3323.1 和 GB/T 3323.2 规定的 B 级或更好的等级检测裂纹，比用 A 级检测可靠性更高。

1.A.4 对接焊缝中的平面型缺欠

对接焊缝中的平面型缺欠：

——未熔合(401)；

——未焊透(402)。

未熔合和未焊透的检出能力与缺欠特征和检测参数有关。

除非射线中心束沿侧壁方向透照，侧壁未熔合极有可能无法检出(该类缺欠同时伴有夹渣等其他类型缺欠除外)。

附录 1.B 缺欠面积占比示例

A 是缺欠投影面积总和在 $L \times W_p$ 区域中的百分比。不同的缺欠投影面积占比，帮助检测人员判定评定区域内的缺欠面积占比，见图 1.B.1～图 1.B.9。

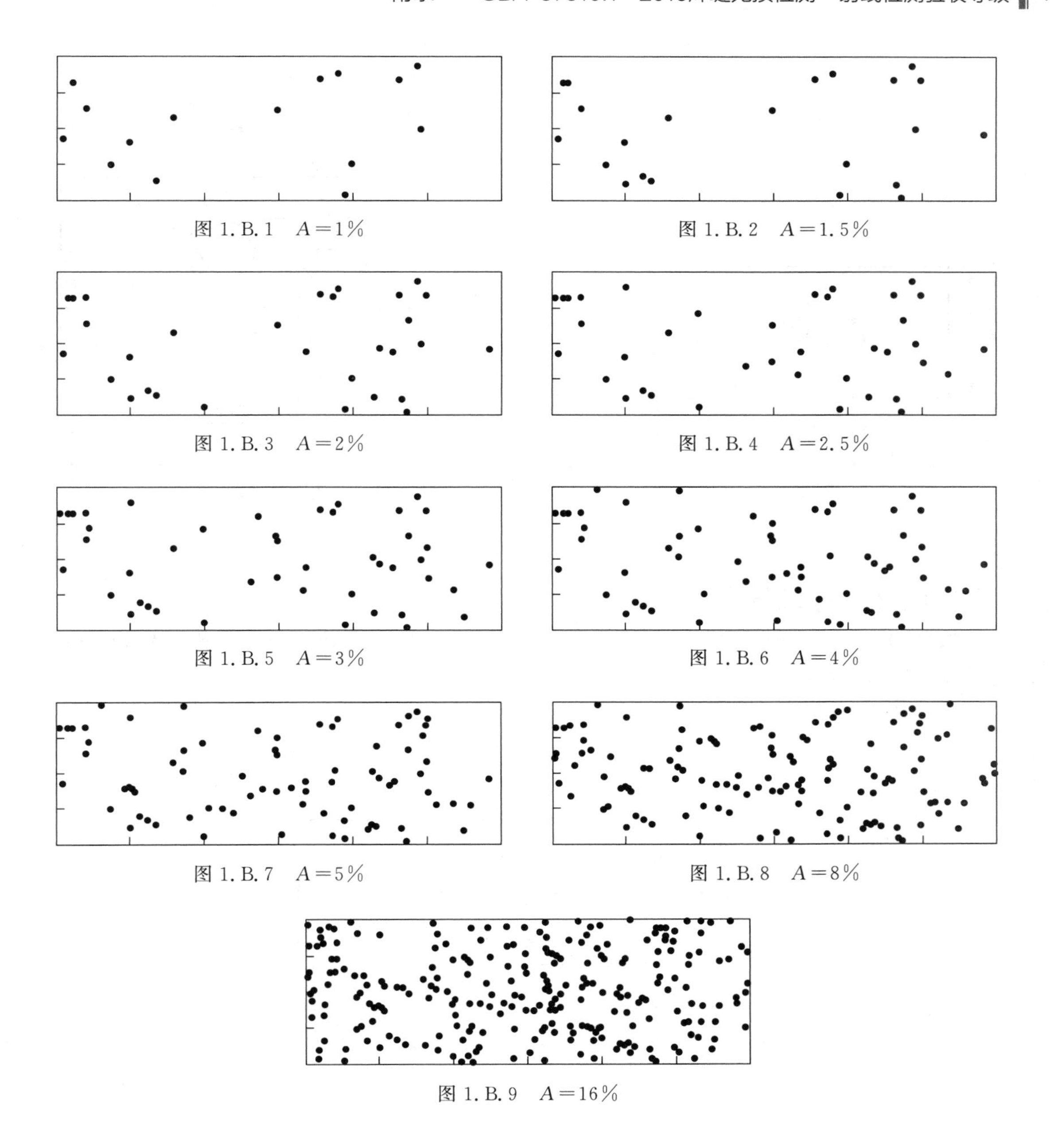

图 1.B.1　$A=1\%$

图 1.B.2　$A=1.5\%$

图 1.B.3　$A=2\%$

图 1.B.4　$A=2.5\%$

图 1.B.5　$A=3\%$

图 1.B.6　$A=4\%$

图 1.B.7　$A=5\%$

图 1.B.8　$A=8\%$

图 1.B.9　$A=16\%$

附录 1.C　可验收缺欠累计区域计算

1.C.1　密集气孔

整个密集气孔区域用包络所有气孔的直径为 d_A 的圆表示，见图 1.C.1。

如果 D 小于或等于 d_{A1} 或 d_{A2} 中的较小值，不论多小，整个密集气孔应用包络相邻气孔的直径为 d_{Ac} 的圆表示，见式(1.C.1)和图 1.C.2。

$$d_{Ac}=d_{A1}+d_{A2}+D \tag{1.C.1}$$

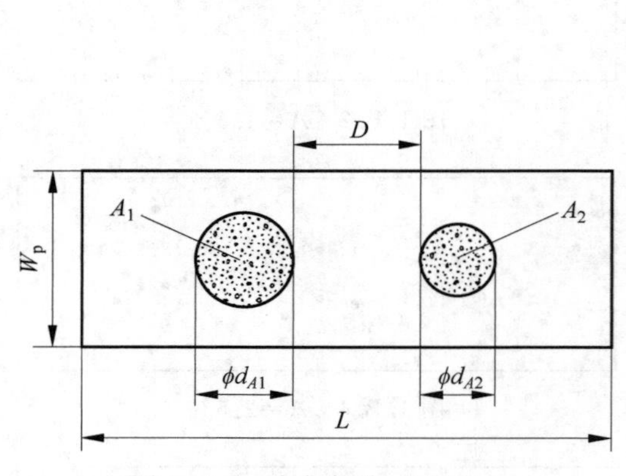

图 1.C.1 密集气孔，$D>d_{A2}$

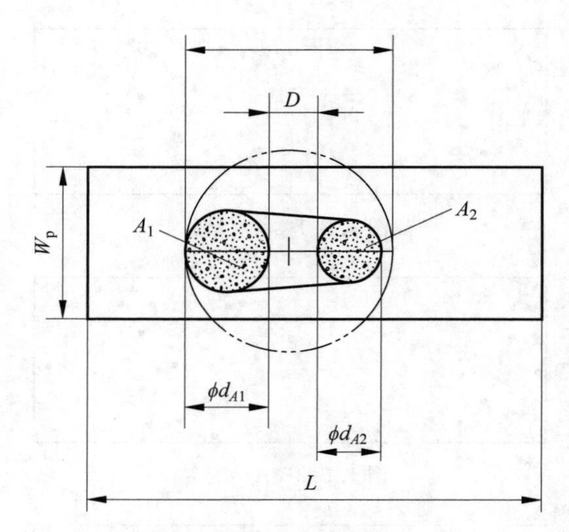

图 1.C.2 密集气孔，$D\leqslant d_{A2}$

1.C.2 链状气孔

如果 D 小于或等于任意相邻气孔中较小气孔的直径，应累计两相邻气孔间距 D、气孔直径 d_1 和 d_2，视为一个气孔进行评定，见图 1.C.3 和图 1.C.4。

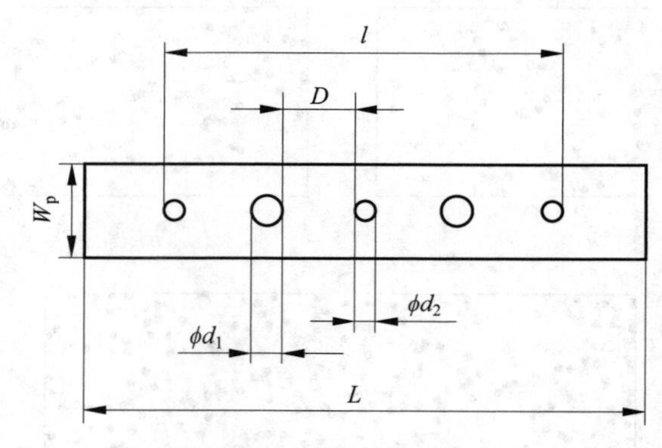

图 1.C.3 链状气孔，$D>d_2$

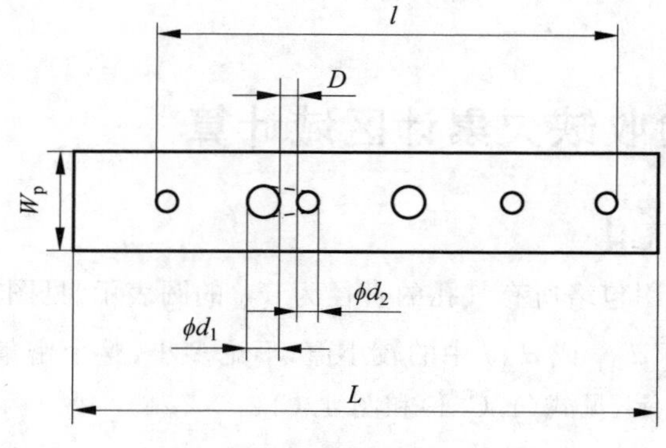

图 1.C.4 链状气孔，$D\leqslant d_2$

1.C.3　条形气孔和虫形气孔

在每一检测长度 L 内，应累计各气孔的长度之和，见图 1.C.5。

如果 D 小于或等于任意相邻气孔中较小气孔的长度，应累计两相邻气孔间距 D、两气孔长度，视为一个气孔长度进行评定，见图 1.C.6。

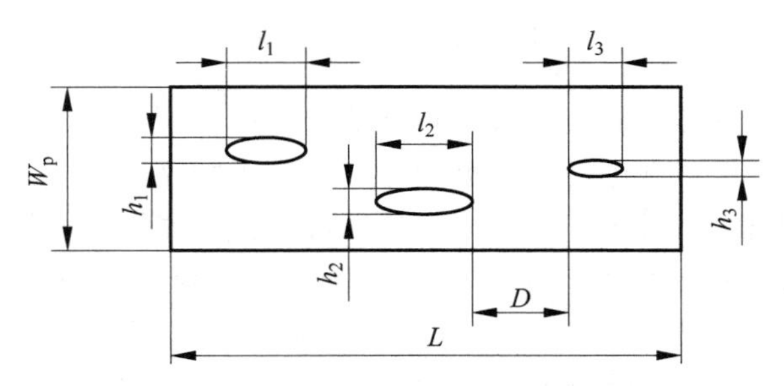

图 1.C.5　条形气孔和虫形气孔，$D>l_3$

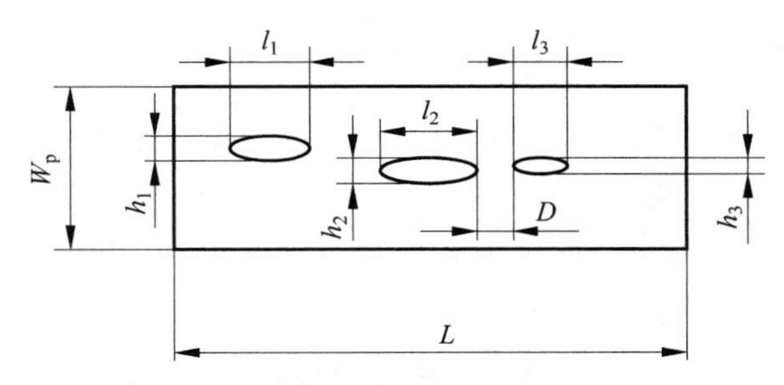

图 1.C.6　条形气孔和虫形气孔，$D\leqslant l_3$

附录二　吉林大学实验室安全管理办法

第一章　总　则

第一条　学校实验室是开展实验教学和科学研究的主要场所，实验室安全管理是维护实验教学和科学研究工作正常进行的前提和保证。为了加强实验室安全管理工作，保障师生员工人身安全，维护教学、科研等工作的正常进行，根据《中华人民共和国安全生产法》（中华人民共和国主席令　第七十号）、《高等学校实验室工作规程》（中华人民共和国国家教育委员会令　第20号）等法律、法规和学校有关的规定，结合学校的实际情况，制定本办法。

第二条　学校实验室安全管理实行“谁主管、谁负责，谁使用、谁负责”的原则，贯彻“以人为本、安全第一、预防为主、综合治理”的工作方针。

第三条　本办法中的“实验室（包括各种操作室、训练室）”指全校开展实验教学、科学研究、生产实验、技术开发等教学、科研活动的场所。

第四条　本办法中实验室安全管理的内容包括实验室技术安全管理，治安、消防安全管理，信息、保密安全管理，水、电及房屋基础设施的安全管理。其中实验室技术安全管理的主要内容包括危险化学品、毒麻药品安全管理，生物安全管理，辐射安全管理，实验废弃物安全管理，仪器、设备、器材及其使用安全管理。

第二章　实验室安全管理体系及职责

第五条　校长是学校实验室安全工作的第一责任人；分管校长是实验室安全工作的主要负责人，协助校长负责实验室的安全管理工作。实验室与设备管理处是学校实验室技术安全的主管部门，负责全校实验室技术安全的管理与服务等工作，并针对全校实验室协助保卫部门进行消防、治安安全管理；协助保密工作办公室进行信息、保密安全管理；协助资产管理与后勤处进行水、电及房屋基础设施的安全管理；处长是学校实验室安全管理部门的第一责任人，分管处长是主要责任人。各学院（中心、所、重点实验室）等单位的主要负责人是本单位实验室安全工作的第一责任人。

第六条　按照“谁主管、谁负责，谁使用、谁负责”的原则，各学院（中心、所、重点实验室）等单位应逐级落实实验室安全岗位责任制，明确实验室安全管理的岗位职责，确定各级实验室安全岗位责任人。

第七条　根据校、学院（中心、所、重点实验室）、实验室三级管理的要求，逐级签订实验室安全责任书；并且研究生导师与所带学生也需要签订安全责任书。

第八条　实验室与设备管理处的主要职责是：

（一）宣传、贯彻、落实上级部门的有关文件；

（二）制定、完善学校实验室技术安全规章制度；

（三）指导、督查、协调各相关单位做好实验室安全教育和管理工作；

（四）组织或参与实验室安全检查，并将发现的问题及时通报相关单位，督促安全隐患整改；

（五）负责全校实验废弃物的处置工作；

（六）组织开展实验室技术安全工作的考核。

第九条　作为单位实验室安全工作的第一责任人，各学院（中心、所、重点实验室）等单位主要负责人全面负责本单位的实验室安全管理工作。其主要职责为：组织成立实验室安全管理工作领导小组；建立实验室安全责任体系；确定实验室安全管理工作主管负责人。单位实验室安全管理工作主管负责人的主要职责为：

（一）在实验室安全管理工作领导小组的领导下构建管理体系，做好管理体制、机制及责任制的建设工作，组织各层级间签订安全责任书；

（二）建立、健全实验室安全管理工作规章制度，包括操作规程、应急预案、准入制度、值班制度、教育培训制度、考核制度等；

（三）制定本单位的实验室安全管理工作计划并组织实施，组织、协调、督促实验室做好实验室安全管理工作；

（四）开展实验室安全教育培训工作，组织落实安全准入等制度；

（五）开展实验室安全检查与评估工作，组织落实实验室安全隐患的整改。

第十条　实验室主任是实验室安全责任人，负责实验室的安全管理工作，对学校和所在单位负责。其主要职责为：

（一）组织落实学校和本单位制定的实验室安全规章制度，负责制定本实验室安全管理细则；

（二）定期组织实验室安全检查，做好安全记录，及时发现安全隐患并认真整改；

（三）负责对实验技术人员进行实验室安全教育与管理；

（四）负责组织、协调实验室安全事故的应急处理及事故情况的报告；

（五）确定各实验室的安全员。安全员必须经过相关的安全教育和培训，具备一定的安全知识和处理突发事件的技能。

第十一条　实验技术人员是所在实验室的安全员，安全职责为：

（一）实验技术人员（含课题组研究人员）对实验室主任负责；

（二）熟悉危险物品的性质和仪器设备的性能，严格遵守各项安全管理制度和操作规程，保持设备处于良好状态；

（三）对进入实验室的师生做好安全操作规程的指导和教育工作，严格执行危险物品的领用和保管制度；

（四）协助教师做好实验准备，定期做好实验室安全的各项检查，做好检查记录、实验记录等；

（五）如遇突发事故，应采取积极有效的应急措施，以防事故扩大，同时及时上报。

第十二条　在实验室学习、工作的所有人员对实验室安全工作和自身安全负有责任，均须接受学校相关部门、单位和实验室组织的安全教育和考核，考核合格后方能进入实验室；必须遵循各项安全管理制度，了解和掌握实验室安全应急方案、应急电话号码、应急设施的位置和用法，严格按照实验操作规程开展实验活动，配合各级安全管理人员做好实验室安全管理工作。

第三章 实验室技术安全管理

第十三条 实验室危险化学品安全管理

（一）实验室使用化学危险物品应当认真贯彻国家《危险化学品安全管理条例》（中华人民共和国国务院令 第591号）、《常用化学危险品贮存通则》（GB 15603—1995）等有关规定。

（二）建立健全化学危险物品购置管理制度，建立从请购、领用、使用、回收、销毁的全过程记录。

（三）使用、存放化学危险物品的实验室必须建立化学危险物品使用台账，配备专业的防护装备，规范管理。

（四）剧毒、易制毒、易制爆等危险物品的存储，实行“双人保管、双人收发、双人使用、双人运输、双把锁”的“五双”管理制度。

第十四条 实验室生物安全管理

（一）实验室生物安全主要包括病原微生物安全、实验动物安全、转基因生物安全等方面。

（二）依法依规落实生物安全实验室的建设、管理和备案工作，规范生化类试剂和用品的采购、实验操作、废弃物处理等工作程序。

（三）实验样品必须集中存放，定期统一销毁，严禁随意丢弃。实验动物应落实专人负责管理，实验动物的尸体、器官和组织应规范管理。

（四）细菌、病毒、疫苗等物品应落实专人负责管理，并建立健全审批、领取、储存、发放登记制度。剩余实验材料必须妥善保管、存储、处理，并做好详细记录；对含有病原体的废弃物，须经严格消毒、灭菌等无害化处理后，送到有资质的专业单位进行销毁处理。严禁乱扔、乱放、随意倾倒。

第十五条 实验室辐射安全管理

（一）辐射安全管理主要包括放射性核素（密封放射源和非密封放射源）、射线装置及辐射工作场所的安全管理。

（二）各涉源单位须严格遵守国家《放射性核素与射线装置安全和防护条例》（中华人民共和国国务院令 第449号）和《吉林省辐射污染防治条例》（吉林省第十届人民代表大会常务委员会公告 第16号）等相关法律、法规及《吉林大学辐射安全管理办法》（校发〔2015〕229号），做好相关人员安全使用放射性核素和射线装置的宣传、教育及管理工作。

（三）辐射工作场所应当按照国家有关规定设置明显的放射性标志，其入口处应当按照国家有关安全和防护标准的要求，设置安全和防护设施及必要的防护安全链锁、报警装置或工作信号。射线装置的使用场所应具有可靠的安全措施。辐射工作场所改变工作性质不再用于放射性工作时，须申请退役。

（四）实验室与设备管理处负责辐射安全许可证的办理。校内涉源单位购买、运输、处置放射性核素和射线装置时，必须向实验室与设备管理处报告，由实验室与设备管理处协助向省、市辐射环境安全管理部门提出申请，经审批同意后方可开展相关工作。

（五）放射工作人员须参加政府环境主管部门举办的辐射安全与防护知识培训，考核合格后持证上岗。实验室人员必须严格遵守放射性核素和射线装置的操作规程。实验室与设备管理处定期组织相关人员到指定医疗单位进行职业病体检（每两年一次）、定期进行个人剂量的监测（每季度）。

（六）各涉源单位要编制《突发辐射安全事件应急预案》。

第十六条　实验室废弃物安全管理

（一）实验室应当对实验废弃物实行分类收集和存放，做好无害化处理、包装和标识后，送往各校区实验室废弃物暂存库，由学校委托有资质的单位进行统一清运处置。

（二）实验室对含有病原体的实验废弃物，须事先在实验室内进行消毒、灭菌处理后，方可交由具有资质的单位外运处置。

（三）对于放射性废弃物必须严格按照《放射性废物管理规定》（GB 14500—2002）、《放射性废物安全管理条例》（中华人民共和国国务院令　第612号）等规定进行安全处置，不得随意丢弃或作为一般废弃物处理。

（四）化学实验废液必须按规定分类收储，及时送到废弃物中转站，废弃危化品必须办理报废手续后方可送储，由学校统一处置。

第十七条　实验室仪器、设备、器材的安全管理

（一）实验室应建立实验室仪器、设备、器材管理制度，落实专人负责实验室仪器、设备、器材的维护、保养工作。保证仪器、设备、器材安全运行，并做好相应台账。

（二）实验室必须对具有危险性的设备采取严格的安全防范措施。精密仪器、大功率仪器设备、电气仪器设备必须有安全接地等安全保护措施，对于超期服役的设备、且有安全隐患的设备应及时报废，消除安全隐患。

（三）具有危险性的特殊仪器设备，须在专职管理人员同意和现场监管下，方可进行操作。锅炉、压力容器（含气瓶）、压力管道等承压类特种设备和电梯、起重机械、场（厂）内专用机动车辆等机电类特种设备的操作人员，上岗前必须通过相应培训资质单位的专门培训，经特种设备安全监督管理部门考核合格并取得《特种设备作业人员证》，才能持证上岗。机械和热加工（含金属铸造、热轧、锻造、焊接、金属热处理、热切割和热喷涂等）设备的操作人员，作业时必须采取安全防护措施，穿戴工作帽、工作服及安全鞋。

（四）落实高压气瓶的存放、使用管理规定，气瓶使用前应进行安全状况检查，不符合安全技术要求的气瓶严禁入室和使用。易燃气体气瓶与助燃气体气瓶不得混合保存和放置；易燃气体及有毒气体气瓶必须安放在符合贮存条件的环境中，并配备监测报警装置。各种压力气瓶竖直放置时，应采取防止倾倒的措施。对于超过检验期的气瓶应及时清退、送检。

（五）实验室仪器、设备、器材的操作人员应当接受业务和安全培训，了解仪器设备的性能特点，熟练掌握操作方法，严格按照操作规程开展实验教学和科研工作。

第十八条　实验室安全设施管理

实验室应根据实验室类别、潜在危险因素等配置消防器材、烟雾报警、监控系统、应急喷淋、洗眼装置、危险气体报警、通风系统（必要时需加装吸收系统）、防护罩、警戒隔离等安全设施，并指定专人负责管理。部分重点实验室和使用危险化学用品的实验室应加装紧急报警装置。安全设施应当定期检查，做好设备的更新、维护保养和检修工作，并建立维护与检修档案。

第四章　实验室其他安全管理

第十九条　实验室的水、电安全管理

（一）实验室水、电安全管理要按照《吉林大学水电管理办法》（校发〔2015〕29号）的要求做好相关工作。必须规范用电、用水管理，规范安装用电、用水设施和设备，定期对实验室的电源、水源等进行检查，排查安全隐患，落实整改措施，并做好相关记录。

（二）实验室内须配备漏电保护器；电气设备应配备电功率足够的电气元件和负载电线，不得超负荷用电；电气设备和大型仪器须接地良好，对电线老化等隐患应当定期检查并及时排除。使用高压电源工作时，操作人员须穿绝缘鞋、戴绝缘手套并站在绝缘垫上。严禁用潮湿的手接触电器和用湿布擦电门，擦拭电器设备前应确认电源已全部切断。

（三）实验室固定电源插座未经允许不得拆装、改线，不得乱接、乱拉电线，不得使用闸刀开关、木质配电板和花线等。

（四）实验室严禁使用非实验用电加热器具（包括各种电炉、电取暖器、“热得快”、电吹风等）。

第二十条　实验室防火安全管理

（一）实验室防火安全管理要按照《吉林大学消防安全管理规定》（校发〔2013〕107号）的要求做好相关工作。要以防为主，杜绝火灾隐患。进入实验室工作的人员要了解各类有关易燃易爆物品的知识及消防知识和应急灭火疏散规定。

（二）在实验室内、过道等处，须备有适应实验室危险品性质的灭火器和材料，如干粉、二氧化碳灭火器、灭火毯、消防砂等，并定期检查以保持性能良好。

第二十一条　实验室信息安全管理

（一）实验室信息、保密安全管理要按照学校信息、保密安全管理部门的要求，结合本实验室教学、科研任务的信息保密要求做好相关工作，严格落实各类保密规定。

（二）定期对涉密人员进行保密教育，严防各类涉密安全事故的发生。

第二十二条　实验室内务规范安全管理

（一）实验室应当建立卫生值日制度，保持实验室内的整洁和仪器设备布局的合理，组织定期或不定期检查和督查，确保良好的实验环境。

（二）实验材料、实验剩余物和废弃物应当规范、及时处置。实验结束或实验人员离开实验室时，实验室管理或操作人员必须查看仪器设备、水、电、气和门窗关闭等情况，并按规定采取结束或暂离措施。

第五章　实验室安全教育与培训

第二十三条　各学院（中心、所、重点实验室）等单位需深入开展实验室安全教育培训工作，并将其纳入本单位安全教育年度工作计划，建立健全实验室安全教育制度，按照“全员、全程、全面”的教育要求，结合实验特点，组织进行专业性的安全教育活动，开展各种预案演练、急救知识培训与操作等活动，不断提高实验室的管理、教学、科研队伍的安全意识和安全技能。

第二十四条　各学院（中心、所、重点实验室）等单位须严格实行实验人员安全教育准入制度。凡需要进入实验室学习、工作的人员，必须通过吉林大学实验室安全教育考试系统，

考核合格方可进入实验室。

第二十五条 从事特种作业的人员必须接受特种安全技术培训和考核，持证上岗。持证书者，还应按要求的时限复审。

第六章 实验室隐患整改与事故处理

第二十六条 实验室与设备管理处不定期进行实验室技术安全检查。各学院（中心、所、重点实验室）等单位每月至少进行一次实验室安全检查并做好记录，检查记录并长期保存，以备上级部门、学校及实验室与设备管理处的核验。检查的主要内容包括：

（一）实验室安全宣传教育及培训情况；

（二）实验室安全制度及责任制落实情况；

（三）实验室安全工作档案建立健全情况；

（四）实验室安全设施、器材配置及有效情况；

（五）实验室安全隐患和隐患整改情况；

（六）其他需要检查的内容。

第二十七条 各实验室对发现的安全问题和隐患要及时采取措施进行整改。对不能及时消除的安全隐患，须向单位和学校相关管理部门提交书面报告及整改方案，任何单位和个人不得隐瞒不报或拖延上报。

第二十八条 实验室发生事故时，各单位和实验室应立即启动应急预案，及时妥善做好应急处置工作，防止事态扩大和蔓延。发生较大险情时，应立即报警，并及时报告实验室与设备管理处及学校相关职能部门，不得隐瞒不报或拖延上报。

第二十九条 事故发生单位须在事故处理结束一周内写出事故报告（报告内容须包含事故发生单位概况；事故发生的时间、地点及事故现场情况；事故发生的原因；事故的简要经过；采取的措施；事故造成的伤害和损失；事故的性质和事故责任；对事故责任者的处理建议；总结事故教训，提出防范和整改措施），报送实验室与设备管理处及学校相关职能部门。实验室与设备管理处将会同学校相关职能部门对事故进行调查及处理。

第三十条 对实验室安全管理工作不到位、出现重特大安全事故的单位，应当追究单位领导和责任人的责任。对因严重失职、渎职而造成重大损失或人员伤亡事故的，应依法追究有关人员的法律责任。

第七章 附 则

第三十一条 各有关单位应根据本办法，结合本单位实际情况另行制定相应的管理制度或实施细则。

第三十二条 本办法未尽事项，按国家有关法律、法规执行。

第三十三条 本办法由实验室与设备管理处负责解释，自发布之日起施行。

附录三　吉林大学学生实验守则

一、学生进入实验室必须严格遵守实验室的各项规章制度，并接受相关安全教育。

二、学生进入实验室，须按实验指导老师或实验室管理员安排的位置入座，不得擅自调换上机位置。

三、学生就座后，请检查设备是否完好，如发现设备缺损或不能正常启动，应立即停止使用，并向实验指导老师或实验室管理员报告，等候实验室管理员处理。

四、严格遵守实验室操作规程，服从实验指导人员指导，不得擅自移动、拆卸、安装实验室设备。

五、严禁利用校园网使用、传播、观看带有反动和不健康内容的软件及文件，一旦发现，除取消其实验资格，还要报送学校上级有关部门。

六、不准将饮料、食品、雨具等非实验用品带入实验室。

七、保持实验室卫生，禁止在实验室内吸烟和乱扔垃圾。

八、因违反本守则和有关规章制度造成事故的，责任人需承担相应的责任。